KB238102

처음읽는 미래과학 교과서

첫번째 이야기

유비쿼터스 세상

처음읽는 미래과학 교과서

첫번째 이야기

유비쿼터스 세상

하원규·연승준·박상현 지음

김영사

|발간에 부쳐|

21세기로 접어들면서 인류는 유사 이래 그 어느 때보다도 격렬한 기술 발전을 경험하고 있습니다. 공학기술은 인류의 미래에 무한한 가능성을 열어주고 있지만 핵폭탄, 환경오염에 따른 생태 파괴, 합성물질의 위협에서 보듯 자칫 인류의 생존을 위협할 수도 있습니다.

'처음 읽는 미래과학 교과서' 시리즈는 청소년이 공학 분야를 쉽고 흥미롭게 이해하고 기술문명이 가져올 미래의 변화에 대해 고민할 수 있게 함으로써 더욱더 풍성한 21세기 과학한국의 미래를 열기 위한 기획입니다. 실제 우리의 삶에 가장 밀접하게 존재함에도 불구하고 낯설고 멀게만 느껴졌던 공학을 편안하고 가깝게 느끼도록 하는 것이 발간의 목적입니다. 우리의 미래생활을 위한 비전북이 되기를 희망합니다.

이 시리즈는 산업자원부의 지원을 받아 **NAEK** 한국공학한림원과 김영사가 발간합니다.

처음 읽는 미래과학 교과서 — 1. 눈앞의 별천지, 유비쿼터스 세상

저자_ 하원규, 연승준, 박상현
그림_ 최은하

1판 1쇄 발행_ 2006. 4. 24.
1판 6쇄 발행_ 2015. 6. 11.

발행처_ 김영사
발행인_ 김강유

등록번호_ 제406-2003-036호
등록일자_ 1979. 5. 17.

경기도 파주시 문발로 197(문발동) 우편번호 413-120
마케팅부 031)955-3100, 편집부 031)955-3250, 팩시밀리 031)955-3111

값은 뒤표지에 있습니다.
ISBN 89-349-2184-6 03500

독자의견 전화_ 031) 955-3200
홈페이지_ http://www.gimmyoung.com
이메일_ bestbook@gimmyoung.com

좋은 독자가 좋은 책을 만듭니다.
김영사는 독자 여러분의 의견에 항상 귀 기울이고 있습니다.

상상은 지식보다 중요하다.
지식은 한계가 있지만,
상상은 세상 모든 것을 끌어안기 때문이다.

· 아인슈타인 ·

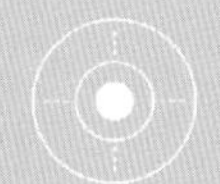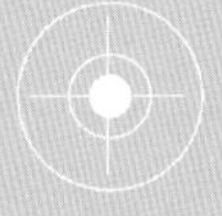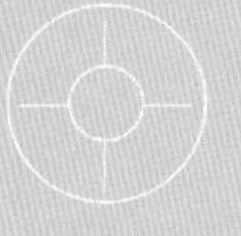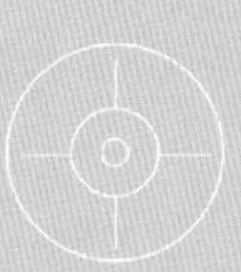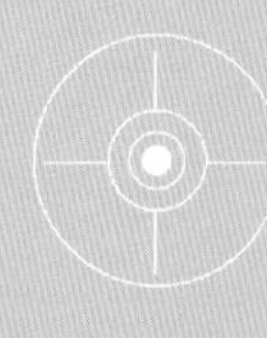

• 차 례 •

추천의 글 | 유비쿼터스, 정보통신 르네상스의 세계로 떠나는 여행 10

지은이의 글 | 이미 시작된 유비쿼터스 세상 13

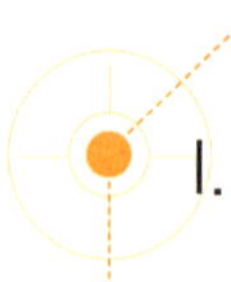   

I. 만물 정보통신의 세계를 찾아서

1. 여기, 저기 그리고 어디에나 · 19

유비쿼터스의 의미 19 | 모든 물건 속에 컴퓨터가 20 | 똑똑한 사물들의 세상 22

2. 인간을 위한 프로젝트 · 25

마크 와이저의 꿈 25 | 인간과 더불어 평온한 기술 28 |

토머스 에디슨의 소망, '어디에나 전구' 31 | 희소재에서 풍요재로 34

3. 어디까지 실현되었나? · 37

유비쿼터스 시대의 선봉장, 교통카드 37 | 보다 인간다운 생활 공간을 위하여 40

4. 어제, 오늘 그리고 내일의 컴퓨터 · 42

에니악에서 UC까지 42 | 유비쿼터스 시대의 컴퓨터 44

5. 어제, 오늘 그리고 내일의 네트워크 · 46

사이버 공간에서 유비쿼터스 공간으로 46 │ 사람⇔컴퓨터⇔사물 통신시대 50 │

네트워크, 단말, 콘텐츠의 제약을 받지 않는 IT환경 54 │

현대판 여의봉 GPS 지팡이 56

6. 편안하고 안전한 디지털 세상 · 59

어디서나 '끊김 없이' 접속할 수 있다 59 │

지구상의 모든 것과 통신할 수 있다 61 │

콘텐츠를 자유롭게 이용할 수 있다 62 │ 안전과 보안을 위한 대책 63

7. 유비쿼터스 사회의 발전 방향 · 66

IT별천지, 대한민국 66 │ 유비쿼터스 사회의 바람직한 모습은? 69

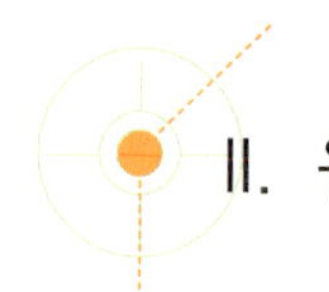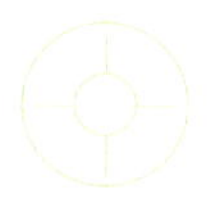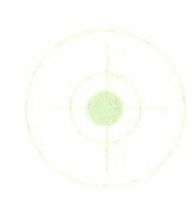

II. 유비쿼터스 세계일주

1. 진짜 같은 인터넷 세상, 쿨타운 · 75

쿨타운 미술관 76 | 쿨타운 회의실 78 | 쿨타운 노인 생활건강 78

2. 전 세계의 사물을 연결하는 오토-ID · 81

3. 산소같이 편안한 컴퓨팅 환경을 만드는 옥시전 · 87

인간과 컴퓨터 간의 대화 88 | 두 가지 외국어로 동시에 대화 89 | 그림의 의미를 그대로, 실시간 시뮬레이션 90

4. 이용자의 요구를 예측하는 아우라 · 92

5. 컴퓨터가 융단처럼 깔리는 어번 태피스트리 · 96

6. 2030년의 유럽, 미래를 위한 위대한 도전 · 100

7. 일본의 u-컴퓨팅 프로젝트, 트론 · 104

트론 지능형 주택 105 | 도요타 드림홈, 파피 106

8. 유비쿼터스 별천지, 다이내믹 u-코리아 · 111

유비쿼터스 드림전시관 115

9. u-코리아 선도 프로젝트, RFID 시범사업 · 117

항공 수하물 추적 통제 시스템 118 | 조달 물품 관리 시스템 118 | 국방 탄약 관리 시스템 119 | 수출입 국가 물류 관리 시스템 120 | 수입 쇠고기 추적 서비스 체계 120

III. 미리 보는 유비쿼터스 미래생활

1. 유비쿼터스 정보가전 · 123

2. 컴퓨터로 둘러싸인 u-홈 · 128

3. 달리는 정보 공간, 지능형 자동차 · 133

4. 시민을 위한 지능화된 도시 서비스 · 138

5. 교육 혁명, u-러닝 · 143

6. u-오피스로 일하는 방식이 달라진다 · 148

7. 쇼핑이 더 즐거워진다 · 152

8. 건강한 사회를 만드는 u-헬스케어 · 157

9. 유비쿼터스 장애인 도우미 · 162

10. 유비쿼터스 방송 · 168

유비쿼터스,
정보통신 로네상스의 세계로 떠나는 여행

정보통신 세계는 너무도 빠르게 변화한다. 그 변화의 속도와 방향을 가늠하기란 전문가에게도 몹시 어려운 일이다. 불과 10년, 아니 5년 전만 해도 상상조차 할 수 없었던 일들이 우리 일상생활 속에서 잇달아 실현되고 있다. 그러니 앞으로 5년, 10년 후에 펼쳐질 정보통신의 세계를 예견하는 일은 어쩌면 너무나 무모한 도전일지도 모른다.

우리는 1990년대 중반까지만 해도 이토록 빨리 온 국민이 초고속 인터넷을 수돗물이나 전기처럼 간편하고 자유롭게 사용할 수 있는 세상이 오리라고는 미처 상상하지 못했다. 지금 외국에서는 우리나라를 '브로드밴드 별천지(Broadband Wonderland)'라고 부른다.

5년 전에, 휴대형 단말기로 초고속 인터넷 서비스를 언제 어디서나 자유롭게 사용할 수 있는 서비스(와이브로)가 세계 최초로 우리나라에서 상용화될 것이라고 확신한 사람은 별로 없었다. 하지만 이제 바야흐로 서재나 사무실의 PC 앞에서만 가능했던 초고속 인터넷이 시간과 장소의 제약을 뛰어넘어, 언제 어디서나 접속해 그 서비스를 이용할 수 있게 된 것이다. 대한민국 전체에 유비쿼터스 초고속 인터넷 환경이 구축되고 있다.

각 가정마다 한 대 이상의 전화기가 있어 누구나 쉽게 음성통화를 할 수 있는 세상이 되기까지 100여 년의 시간이 걸렸다. 그러나 세계 최초로 CDMA를 상용화하여 초등학생까지 휴대전화를 간편하게 사용하는 세상이 되는 데는 불과 10년이 채 걸리지 않았다.

한편, 휴대 단말이나 인터넷과 함께하는 오늘날 우리의 일상 모습은 또 한 번 우리를 놀라게 한다. 아침 출근길에 아파트 엘리베이터 안에서 불과 수초 사이에 두세 통의 문자메시지를 보내는 우리 청소년들을 쉽게 만날 수 있다.

한국 인터넷진흥원의 조사에 의하면 만 5세가 된 우리나라 유아의 절반 이상이 인터넷을 사용한다고 한다. 그것도 일주일에 평균 5시간 정도라니 실로 감탄할 일이다.

인터넷과 휴대 단말을 장난감보다도 더 친근하게 다루며 자란 우리의 청소년과 웹키즈들이, 10년 후 엄지로 연마된 디지털 리터러시(Literacy)로 세계 시장을 휘젓고 주무르는 유티즌으로 활약하는 모습을 그려본다.

토머스 프리드먼은 지구는 둥글지만 '세계는 평평하다(the World is Flat)'라는 키워드로 21세기 세계의 흐름을 통찰했다. 과연 그렇다고 맞장구를 치고 한 번 더 자세히 생각해 보면, 지구는 납작해지는 데 그치지 않고 언제 어디서든 누구나 지구촌을 휴대해 만지작거리는 상황(the World is Ubiquitous)으로 가파르게 치닫고 있는 것을 알 수 있다.

여기서 우리는 정보통신 패러다임의 대전환이 불러오는 신질서를 간파하지 않으면 안 된다. 지금까지 정보통신 세계는 전화기로 음성통신을 하고 PC를 통해 메일을 주고받는 등 주로 인간과 인간의 커뮤니케이션 기능을 대체 혹은 확장해 왔다. 그러나 다가오는 유비쿼터스 시대의 정보통신 세계는 기계와 기계, 사물과 사물의 커뮤니케이션으로 사실상 통신 대상의 제약이 없어진다. 모든 사람을 연결하는 인간 정보통신 시대에서, 모든 기계와 환경이 연결되는 만물 정보통신 시대로 이행되어 간다고 할 수 있겠다.

이 책은 이러한 만물 정보통신 시대의 일상생활을 알기 쉽게 풀이하고 있다. 실체를 가늠하기 어려운 유비쿼터스 컴퓨팅의 개념을, 저자들은 쉽고 재미있게 그리고 재치 있게 그려냈다. 동시에 세계 각국에서 추진하고 있는 유비쿼터스 관련 프로젝트를 알기 쉽고 친근하게 소개하고 있다.

이 책을 통해 지금까지는 네트워크와 전혀 관련이 없었던 영역까지 네트워크로 연결되고, 컴퓨터와는 전혀 인연이 없었던 대상들이 컴퓨터화되어 지능을 갖는 정보통신 르네상스의 세계를 부담 없이 여행할 수 있으리라 기대한다.

똑똑한 사물들의 세계, 자연과 인간이 실시간으로 대화하는 세상을 미리 살펴보는 묘미를 경험하는 것도 무척 신나고 의미 있는 일이 될 것이다. 한발 먼저 메가트렌드의 흐름을 타고 자신의 미래를 성찰하는 일은 현명한 사람들의 지혜이자 특권이다. 그런 의미에서 이 책의 일독을 권해 마지않는다.

한국 전자통신연구원장 최문기

이미 시작된 유비쿼터스 세상

프랑스의 천재작가 베르나르 베르베르는 자신의 책 『나무』에 수록된 단편 「내겐 너무 좋은 세상」을 통해, 인류가 첨단 과학기술의 세계를 극단으로 몰고 갔을 때 어떤 결과가 초래될 것인가를 환상과 사색의 공간 속에서 특유의 유머와 친근한 어조로 소개했다.

기계가 사람처럼 구는 것도 어느 정도지, 이건 해도 너무했다. 가장 하찮은 도구들조차 제가 맡은 일을 주도적으로 하겠다고 기를 쓰는 상황이 되었으니 말이다. 셔츠는 제 스스로 단추를 채웠고 넥타이는 마치 뱀처럼 제 스스로 목 주위에 감겼다. 텔레비전과 하이파이 오디오 세트는 서로 자기가 먼저 주인을 즐겁게 해주겠다고 다투었다.

특히 이 대목에서는 일상생활 주변의 만물이 지능을 갖게 되고 다양한 유·무선 네트워크로 연결된 미래의 어느 날 있음직한 상황이 작가의 영감으로 실감나게 묘사되고 있다. 작가는 비록 '유비쿼터스'라는 용어를 전혀 사용하지 않고 있지만, 또 작가의 상상력이 그대로 현실화되기도 어렵겠지만, 이를 통해 우리는 극도로 진행된 유비쿼터스 사회의 한 단면을 엿볼 수 있다.

아침에 눈을 떴을 때 동해안의 장엄한 일출 광경이 일렁이는 파도와 함께 선명하게, 침실의 초박막 디스플레이에 비친다면 좀더 상큼한 하루를 맞이할 수 있지 않을까?

유비쿼터스 시대의 광대역 네트워크는 현재 우리가 휴대전화로 언제 어디서나 전화할 수 있는 것처럼, 고화질의 동영상을 언제 어디서나 즐길 수 있도록 해준다. 나노기술을 만난 슈퍼컴은 도시락 크기만큼 작아지겠지만, 빌딩이나 다리의 구석구석에 스며든 수많은 센서들이 전송하는 온도·진동·압력·균열·사람들의 움직임·자동차 교통량 등의 정보를 실시간으로 처리하는 능력을 발휘한다. 다리가 붕괴되거나 대형 건물이 무너지고 지하철에서 화재가 발생하는 등의 대형 참사는 아득한 옛이야기가 될 것이다.

유비쿼터스의 묘미는 컴퓨터나 네트워크의 존재를 전혀 의식하지 않게 된다는 것이다. 평소 우리는 아주 자연스럽게 옷을 입고 구두를 신으며, 신문을 읽고 TV를 보면서 새로운 소식을 접한다. 우리는 안경을 걸치고, 글자를 읽고, 친구를 만나며 자연스럽게 생활을 하고 정보를 얻지만 그 존재를 특별히 의식하지 않는다. 어릴 적 엄마 품에서 배운 문자는 일생 동안 우리에게 정보를 얻어 세상을 살아가는 지혜를 선사한다. 컴퓨터도 이러한 안경이나 신문 그리고 문자처럼 일상생활 속에 조용히 녹아 있어야 한다.

하지만 현재의 컴퓨팅 기술로는, 컴퓨터를 사용하기 위해 귀찮고 성가신 과정을 밟아야 한다. 즉, '인간이 컴퓨터에 적응'할 수밖에 없는 것이다. 그러나 유비쿼터스 시대에는 귀찮고 성가신 일은 모두 컴퓨터의 몫이다. 컴퓨터는 보다 조용하고 겸손해진다. 다시 말해서, '컴퓨터가 인간에 적응'하게 되는 것이다. 이로써 우리 인간은 인간 본연의 권리를 되찾고, 컴퓨터는 컴퓨터 본연의 역할에 충실하게 되는 것이다. 전문가들은 이를 두고 '사람이 기술을 찾아다니는 것이 아니라 기술이 사람을 찾아다니는 시대'라고 진단한다.

유비쿼터스 시대에는 컴퓨터가 산소와 같이 풍부하고 흔한 것이 되어 자연스러운 인터페이스가 제공되어야 한다. 이러한 관점에서 MIT 대학의 유비쿼터스 컴퓨팅 연구진은 자신들의 연구를 '옥시전(Oxygen) 프로젝트'라고 이름 붙였다.

또한 유비쿼터스 세상에서는 각종 사물이나 환경 속으로 스며든 초소형 컴퓨터들이 생활 환경을 지능화하여 우리 모두가 보다 인간다운 삶을 누릴 수 있게 되어야 한다. 이러한 의미에서 유럽은 '에워싸는 지능(Ambient Intelligence)'이라는 개념으로 유비쿼터스 컴퓨팅을 설명하고 있다.

컴퓨터가 보다 인간다워지고, 인간은 컴퓨터들로부터 보다 많은 도움을 받아 좀더 인간다운 삶을 살아갈 수 있는 세상을 꿈꾸는 많은 이들의 노력과 소망 속에서, 유비쿼터스 세상은 이미 조금씩 그 모습을 보여주고 있다.

우리가 열고자 하는 유비쿼터스 세상은, 지능화된 사물들에 포위되어 지능화되기 이전의 세계를 동경하는 베르베르의 상상 속의 세계와는 거리가 멀다. 유비쿼터스 세상은 인간의, 인간에 의한, 인간을 위한 기술로부터 시작되기 때문이다.

이 책이 발간되기까지 여러 분의 큰 도움이 있었다. 먼저 이 책의 기획 과정에서부터 전반적인 구상을 이끌어 주신 김명준 ETRI 인터넷 그룹장님께 먼저 감사드린다. 김 그룹장님은 청소년들에게 미래 유비쿼터스 신세계를 보여 주는 일은 연구원으로서의 신성한 사명이라며 저자들의 각성을 촉구하셨다.

기획에서부터 출판의 전 과정을 친절하고 세밀하게 살펴준 김영사 편집부, 예쁘고 정겨운 삽화를 그려주신 최은하 작가님께도 깊이 감사드린다. 동시에 21세기 미래와 만날 수 있는 기회를 주신 공학한림원과 산업자원부 그리고 정보통신부 관계자들과도 이 책이 출간되는 기쁨을 함께 나누고 싶다.

저자들은 바쁜 주중을 피하고 주말을 이용해 유비쿼터스의 속삭임에 두 귀를 토끼처럼 쫑긋거리며 토론을 거듭했다. 사랑하는 가족에게는 못난 아빠가 될 수밖에 없었다. 가족들에게 미안함과 고마움의 마음을 전한다.

이 책을 마무리하는 단계에서 박상현 박사는 네브래스카 주립대학의 초빙연구원으로 나가게 되었다. 몸은 이역만리 밖에 있지만 태평양을 사이에 두고 우리의 토론은 계속되었다. 인터넷의 위력에 다시 한 번 경탄하지 않을 수 없었다. 현재 우리들은 20~30년 후의 여러 가지 첨단 미래기술들이 들려주는 우렁찬 메시지에 흠뻑 빠져 있다. 다음 기회에는 그들의 이야기를 들려 드리겠다.

2006년 4월, 봄볕 가득한 연구실에서

하원규, 연승준, 박상현

만물 정보통신의 세계를 찾아서

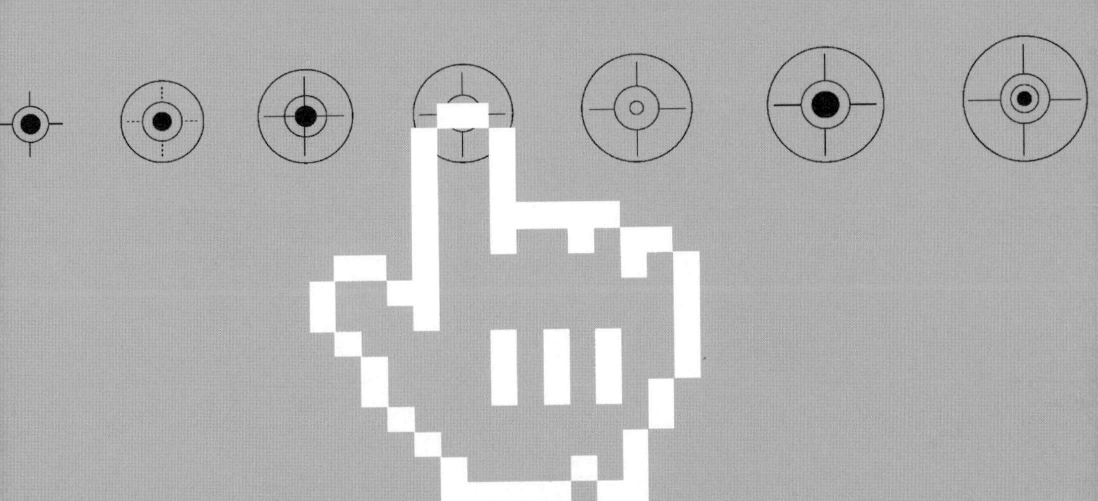

여기, 저기 그리고 어디에나

유비쿼터스의 의미

생경스럽고 낯설기만 하던 '유비쿼터스(Ubiquitous)'가 이제는 제법 친숙한 용어가 되어 우리 일상생활 속으로 파고들고 있다. 유비쿼터스라는 말은 어원적으로 '도처에 널리 퍼져 있다'는 뜻의 라틴어에서 유래되었다.

종교적으로는 '신이 언제 어디서나 시공을 초월해 우리와 함께한다'는 신의 존재론을 상징한다. 또는 공기와 물처럼 지천에 널려 있거나 에워싸고 있는 자연자원의 편재성(遍在性)을 강조할 때 '유비쿼터스하다'라고 표현한다. 최근 인터넷상에서는 네티즌을 중심으로 순수한 우리말 '두루누리'로 표현되기도 한다.

오늘날 우리가 사용하는 유비쿼터스라는 용어는 컴퓨터나 네트워크가 물과 공기처럼 우리 생활 속에 스며들어 함께하면서, 어디서나 손쉽고 편리하게 이용할 수 있는 이용자 중심의 미래 컴퓨팅 환경을 의미한다.

따라서 최근 차세대 IT사회와 관련해 자주 등장하는 유비쿼터스는 기존의 IT환경이 컴퓨터와 네트워크라는 두 가지 관점에서 다음과 같이 진화된 미래 모습으로 이해하면 좋을 것이다.

첫째, 크기는 작아지고 성능은 더욱 좋아진 다양한 유형의 컴퓨터들이 우리 생활 곳곳에 스며들어, 언제 어디서나 원하는 그 순간에 컴퓨터를 사용할 수 있는 '어디에나 컴퓨터'가 실현된다. 이 '어디에나 컴퓨터' 시대에는 텔레비전이나 냉장고 같은 가전기기는 물론 책상이나 침대 같은 가구에도 컴퓨터가 내장되어 지능을 갖게 된다. 이렇게 지능을 갖춘 사물들은 스스로 판단하여 우리에게 서비스를 제공하기도 한다.

둘째, 언제, 어디서, 무엇이나, 누구라도 네트워크에 간단히 연결될 수 있는 '어디에나 네트워크'가 가능해진다. 이는 커뮤니케이션의 확장을 의미하는 것으로 사람과 사람뿐만 아니라 사람과 사물, 사물과 사물이 인터넷으로 연결되어 서로 대화를 나누는 등 커뮤니케이션의 대상이 확대되고 그 역할이 더욱 중요해진다.

모든 물건 속에 컴퓨터가

유비쿼터스 사회에서는 주변에 있는 모든 사물 속에 컴퓨터나 관

유비컴의 주요 기술 | 홈 네트워크

홈 네트워크는 다양한 정보기기와 가전제품 그리고 집 안의 시설물들을 네트워크로 연결하여 기기, 시간, 장소에 구애받지 않고 다양한 서비스를 제공하는 미래의 가정 환경이다. 이 홈 네트워크가 구축된 가정은 인터넷을 통해 외부에서도 제어가 가능하다. 특히, 최근 각광을 받고 있는 유비쿼터스 홈은 가정을 쾌적하고 편리한 정보 생활 공간으로 바꾸어 원격 교육, 멀티미디어 엔터테인먼트, 원격 진료, 무인 방범 및 방재, 효율적인 에너지 관리 등 풍요로운 디지털 라이프를 누릴 수 있도록 하는 유비쿼터스 세상의 꽃이라 할 수 있다.

련 기기가 내장되는데, 우리는 일상생활에서 그 사실을 의식하지 않고 다양한 기기를 사용하게 된다. 예컨대 거실이나 부엌의 가전제품은 물론 각종 생활용품에 다양한 기능을 갖춘 컴퓨터가 내장된다. 물론 지금도 대부분의 가전제품에는 간단한 기능을 수행하는 아주 작은 컴퓨터들이 들어 있다.

그러나 유비쿼터스 시대에는 인터넷과 홈 네트워크 등으로 서로 연결된다는 점에서 다르다. 일상적으로 출장길 열차 안이나 피서지 백사장에서도 마치 자신의 사무실이나 집에서 일하듯이 휴대 단말기나 노트북을 이용해 업무를 처리하기도 하고, 집 안의 가전제품을 원격지에서 다룰 수 있게 되는 것이다.

조금만 관심을 갖고 주위를 둘러보면 우리의 일상생활 속에 이미 깊이 스며들어 있는 여러 가지 컴퓨터의 존재를 발견할 수 있다. 가장 대표적인 예로 휴대전화를 들 수 있다. 휴대전화를 사용하면서 그 안에 들어 있는 컴퓨터의 존재를 의식하는 사람은 아마 별로 없을 것이다.

에어컨, 전자레인지, 전기밥솥, 세탁기 등의 동작을 제어하는 마이크로프로세서는 보통 컴퓨터라는 의식을 하지 않은 채 사용하고 있지만, 전 세계 컴퓨터의 약 98%를 차지하는 대표적인 컴퓨터다. 최근 들어 자동차에 많이 설치하는 내비게이션 시스템이나 디지털 카메라, MP3 역시 이와 같은 컴퓨터가 내장되어 있다.

오늘날 누구나 당연하게 사용하고 있는 사물에 내장되어 있는 컴퓨터들은, 현재는 독립적으로 기능하고 있지만 앞으로는 무선통신 기술과 실시간 소프트웨어 기술의 발전과 더불어 자연스럽게 네트워크로 연결될 것이다.

한강 다리마다 수십, 수백 개의 안전점검 기능을 갖춘 초소형 컴퓨터가 설치되어 시시각각 다리의 안전 상태를 체크할 것이다. 들판이나 바다 그리고 하천 등 대상과 장소를 가리지 않고 컴퓨터가 스며들어 각각 맡은 역할을 수행하게 될 것이다. 컴퓨터와 네트워크가 지천에 깔려 누구나 숨쉬듯이 컴퓨터와 네트워크를 자유롭게 이용할 수 있는 세상이 곧 유비쿼터스 사회인 것이다.

똑똑한 사물들의 세상

생활용품이나 각종 기기들이 주변의 상황을 판단하고 적절한 행동을 알려 주면서 우리의 일상생활을 도와주는 '똑똑한 사물들'의 시대가 열리고 있다.

유티즌의 하루 | 수다쟁이 친구들

항상 갖고 다니는 자신의 귀중품에 스마트 센서를 장착하고, 이들을 근거리 무선 LAN으로 묶어 항상 가까이 있어야 하는 '친구 관계'를 설정해 놓으면 여러 가지 유익한 서비스를 제공받을 수 있다.

이를테면 아침 출근길에 자동차 열쇠를 가지고 나오지 않았다면, 주머니 속의 지갑과 신용카드가 "내 친구 자동차 열쇠와 떨어지기 싫어요"라는 메시지를 휴대전화를 통해 보내온다. 그들은 수다쟁이 친구들이다. 조금만 떨어져 있어도 서로를 찾는 극성스러운 친구들이다.

신용카드를 분실해도 걱정할 필요가 없다. 다른 친구들인 지갑과 자동차 열쇠가 일정 거리 이상 떨어져 있으면, 지갑이 분실 사실을 주인에게 알려 주고 적절한 조치를 취해 달라고 요청한다.

1990년대의 인터넷 혁명은 전 세계의 모든 PC를 네트워크로 연결시켰다. 우리는 인쇄술의 발명이나 전신전화의 출현과 맞먹는 커뮤니케이션 혁명을 경험했다. 그러나 커뮤니케이션 혁명은 여기에서 끝나지 않았다.

1990년대 말 휴대전화를 이용한 인터넷 서비스가 시작되면서 PC 이외의 정보기기들이 잇달아 네트워크와 연결되고 있다. 냉장고, 에어컨 등의 가전제품뿐만 아니라 길가의 자판기, 할인매장의 쇠고기나 채소, 도로나 가로등 같은 도시 시설물 등 다양한 사물들이 네트워크와 연결되면서 사물 커뮤니케이션의 세상이 열리고 있다.

10년 전 인터넷이 상용화되기 시작했을 무렵에는 누구도 인터넷이 우리의 일상생활과 직장에 이토록 깊숙이 파고들 것이라고 예상하지 못했다. 그러니 앞으로 10년 후 자동차·지갑·아파트 열쇠·신용카드 등에도 인터넷 주소가 부여되어 서로 대화를 나누고, 분실되었을 경우 스스로 주인에게 위치를 알려 주는 똑똑한 사물들의 세상이 열릴 것이라고 상상하지 못할 이유도 없다.

이것은 사물 간의 커뮤니케이션을 이용한 유비쿼터스 서비스의 한 사례다. 아직은 'Smart-Its-Friends 프로젝트' 등, 대학이나 연구소에서 유비쿼터스 관련 연구의 일환으로 설치, 운용되는 실험실에서나 가능한 서비스지만 머지않아 실용화될 것으로 기대되고 있다.

2 인간을 위한 프로젝트

마크 와이저의 꿈

20세기의 문명사가 『80일간의 세계일주』라는 소설로 잘 알려진 쥘 베른(Jules Verne, 1828~1905)의 상상력을 실현하는 과정이었다면, 21세기 정보기술 문명은 마크 와이저(Mark Weiser, 1952~1999)가 제창한 '유비쿼터스 컴퓨팅' 비전을 실현하는 과정이라고 한다면 너무 과장된 표현일까?

'유비쿼터스의 아버지'라고 할 수 있는 와이저의 유비쿼터스 컴퓨팅 연구는 미국의 제록스 팰러앨토 연구소(Palo Alto Research Center, PARC) 연구원 시절로 거슬러 올라간다. 그는 1980년대 후반에 "미래의 컴퓨터는 어떤 컴퓨터가 되어야 할까?"라는 문제의식에서 '사용하기 쉬운 컴퓨터(Easy Computer)' 개념에 주목했다. 와이저와 그의 동료들은 무의식적으로 문자를 사용하는 것처럼 아주 간단하게 또 부지불식중에 사용할 수 있는, 이용자 중심의 컴퓨팅 환경을 '유비쿼터스 컴퓨팅'이라고 이름 붙였다.

그는 컴퓨터의 발전 과정을, 사용하기 어렵고 거대한 '메인프레임 컴퓨터' 단계에서 'PC'의 세계를 거쳐 문자처럼 자유롭게 사용할 수 있는 유비쿼터스 컴퓨터로 점차 이행되어 간다고 보았다. 요컨대 컴퓨터를 사용하는 형태에 따라, 다수의 이용자가 한 대의 컴퓨터를 사용하던 메인프레임 단계, 한 사람이 한 대의 컴퓨터를 사용하는 PC 단계, 그리고 한 사람이 여러 대의 컴퓨터를 사용하는 유비쿼터스 컴퓨터 단계의 3단계로 구분한 것이다.

와이저는 사람이 일 자체보다는 컴퓨터 조작에 더 몰두해야 하는 성가시고 귀찮은 현재의 컴퓨터를 비판하고, 인간 중심의 컴퓨팅 기술로서 유비쿼터스 컴퓨팅 비전을 제시했다. 한마디로 컴퓨터는 다루기 쉬워야 한다는 것이다. 우리가 외출할 때 시계를 차고 구두를 신고 옷을 입듯이, 컴퓨터도 자연스럽게 일상생활의 일부가 되어야 한다는 것이다.

최상의 도구란 사용자로 하여금 그 도구를 사용하고 있다는 것을 인식하지 못한 채 일에만 집중할 수 있도록 하여 업무의 생산성을 높여 주는 도구다.

와이저는 유비쿼터스에 대한 기념비적인 논문 「21세기를 위한 컴퓨터 *the Computer for the 21st Century*」에서 이상적인 컴퓨터의 모습을 다음과 같이 설명하고 있다.

외출할 때 시계를 차듯,
구두를 신듯, 옷을 입듯, 의식하지 않고
자연스럽게 사용할 수 있는,
일상생활 속에 스며든 컴퓨터를
만들 수는 없을까?

메인프레임 단계

PC 단계

한 사람이 여러 대의
컴퓨터를!

디지털 액자

노트북

게임기

유비쿼터스 컴퓨터 단계

가장 심오한 기술이란 표면에 드러나지 않는 기술이다. 일상생활이라는 직물 속에 완전히 짜깁기되어 개별 기술 자체는 우리들의 눈에 보이지 않게 되는 것이다. …… 미래의 컴퓨터는 우리가 그 존재를 의식하지 않는 형태로 점점 스며들어 확산될 것이다. 한 개의 방에 수백 개의 컴퓨터가 있고 그것들이 유·무선 네트워크로 서로 연결되어 있을 것이다.

현재의 컴퓨터 환경은 기능도 많아지고 성능도 좋아졌지만, 아직은 커다란 몸체 때문에 가정이나 사무실에 어울리지 않는 거추장스러운 형태를 탈피하지 못하고 있다. 또 많은 기능이 통합되면서 컴퓨터 주변의 부속 기기가 여기저기 널려 있고, 그 각각을 연결하는 케이블이 얽히고설켜 흉물스럽기까지 하다. 게다가 기능이 통합되고 고성능화되면서 소음도 심하고 발산하는 열도 많다.

와이저가 예견한 이상적인 컴퓨터란 어떤 것인가? 크기는 더 작아지고 디자인은 더 자연스러워져 환경의 일부가 되어야 하며, 무선화를 통해 케이블은 없어져야 하고, 소음이나 열도 줄어들어야 할 것이다. PC를 둘러싼 기술은 엄청난 진보를 거듭하고 있지만 성숙한 유비쿼터스 컴퓨팅 환경을 조성하기 위해서는 해결해야 할 과제가 아직 많이 남아 있다.

인간과 더불어 평온한 기술

유비쿼터스 컴퓨팅은 '보이지 않는 컴퓨터(Invisible Computer)'의 세계다. 우리가 입고 있는 옷은 실로 짜여져 있지만 실 자체는 보이지 않는다. 21세기 컴퓨터의 바람직한 발전 방향은 바로 이 실과 옷의 관계와 같아야 한다. 각각의 기능을 완벽하게 실현시키면서도 우리 일상생활에 완전히 녹아들어, 각각의 존재를 느끼지 않을 만큼 친근한 방향으로 나가야 하는 것이다.

하나의 방 안에 수백 대의 컴퓨터가 있고 그것이 서로 연결되어 있다고 가정해 보자. 각각의 컴퓨터가 수백 가지 모습으로 여기저기 늘어서 있고, 그것들을 연결하는 선이 또 스파게티처럼 뒤엉켜 있다면 이용자는 얼마나 불편할까?

유비쿼터스 컴퓨팅의 근본 사상이라고 할 수 있는 '눈에 보이지 않고 의식하지 않는 컴퓨팅'을 설명하기 위해 마크 와이저는 안경, 문자, 종이, 구두, 연필 등을 예로 든다.

종이에 쓰어진 문자는 그것이 신문이든 잡지든, 사람들은 종이의 존재를 의식하지 않은 채 거기에 적힌 문자를 통해 유익한 정보를 얻는다. 아침에 배달되는 신문에서 우리는 편안하게 그날의 뉴스와 여러 가지 정보를 얻는다. 손에 익은 연필, 언제나 손만 뻗으면 집어 쓸 수 있는 종이, 어렸을 때 익힌 문자는 우리에게 평온함과 편안함을 준다.

이처럼 좋은 기술이란 기술 그 자체가 작업장의 환경과 의식 세계를 전혀 방해하지 않는다. 마크 와이저는 이것을 '평온한 기술(Calm Technology)'이라고 칭했다. 컴퓨터도 평온한 기술로 우리 생활에 자연스럽게 녹아들어야 한다.

보이지 않는다는 것은 컴퓨터 자체가 없어진다는 뜻이 아니라 의식하지 않게 된다는 것이다. 현재의 컴퓨터는 이용자가 의식을 집중하여 키보드 조작 등을 통해 입력을 해야 하고, 또 기타 번거로운 처리 과정을 거쳐야 한다. 가령 컴퓨터를 통해 정보를 얻으려면 먼저 컴퓨터에 전원을 넣고 부팅하여 원하는 환경을 설정하는 등 귀찮고 성가신 과정을 진행해야 한다. 와이저는 이처럼 이용자가 스트레스를 느끼는 '컴퓨터 조작' 자체를 '눈에 보인다'고 표현한 것이다.

아마추어 연주자들은 음악을 연주하는 동안 악보와 악기의 포로가 된다. 하지만 프로 연주자들은 악기의 존재 자체를 의식하지 않고 음악의 완성도에만 신경을 집중한다. 또 오랜 기간 연장에 익숙해진 목수는 연장의 존재 자체를 잊고 마음에 드는 물건을 만드는 데만 몰두한다.

컴퓨터라는 도구는 한없이 다루기 쉬워져서 수돗물이나 전기처럼 편리하고 부담 없이 사용할 수 있어야 한다. 우리는 낯선 곳을 방문할 때는 주변을 두리번거리지만, 잘 아는 길을 갈 때에는 주변을 살피기보다는 목적지에 가서 할 일만 생각한다. 컴퓨터도 그렇게 되어야 한다는 의미다.

만약 유비쿼터스 컴퓨팅 환경이 조성되었다고 해도 그것이 조용하고 평온한 기술로 구축되지 않았다면 어떤 일이 벌어질까? 그렇지 않아도 신경 쓸 일 많고 골치 아픈 현대인들은 자기를 좀 봐달라고 아우성치는 수백, 수천 대의 컴퓨터들이 내지르는 소음과 간섭에 지쳐 유비쿼터스 이전의 세계로 되돌아가고 싶어할 것이다.

21세기의 컴퓨팅 환경은 인간을 강제하지 않고, 마음을 편안하게 해주는 연인과 대화하면서 숲속을 산책하는 기분으로 컴퓨터를 사용할 수 있어야 한다. 컴퓨터는 일일이 상대해 줘야 하는 귀찮은 상대가 아니다. 대자연의 품에 파묻히듯 조용하고 편안하게 컴퓨터와 함께 살아갈 수 있어야 하는 것이다. 유비쿼터스 시대의 컴퓨터는 언제, 어디서든 펼쳐 볼 수 있는 정든 사전 또는 품속의 수첩 같아야 한다.

토머스 에디슨의 소망, '어디에나 전구'

유비쿼터스 사회는 '어디에나 컴퓨터(Computer Everywhere)' 사회다. '어디에나 컴퓨터' 사회란 1984년 도쿄대학의 사카무라 겐(坂村健) 교수가 제창한 차세대 컴퓨팅 개념으로, 우리 주변에 무수히 존재하는 컴퓨터의 도움을 받아 원하는 정보와 서비스를 간편하게 얻을 수 있는 사회다.

다시 말해, 곳곳에 각각의 기능과 역할을 부여받은 컴퓨터가 존재하고, 유·무선 네트워크를 이용해 이들 컴퓨터를 누구나 간편하게 이용할 수 있게 되는 새로운 지식정보 사회의 진화된 형태다.

우리는 '어디에나 전기'의 혜택을 누릴 수 있는 편리한 세상에 살고 있다. 전국 구석구석을 연결하는 전력망을 통해 우리 일상생활에서 언제나, 어디서나 전깃불을 이용할 수 있게끔 발전되어 온 과정을 보면, '어디에나 컴퓨터'가 실현된 유비쿼터스 사회의 모습을 보다 쉽게 떠올릴 수 있다.

초등학교에서 3개월 만에 퇴학당한 아이, 집안이 가난해 12세에 기차의 신문팔이가 되었으나 시간을 아끼기 위해 화물차 안에서 실험에 열중한 소년, 기차 실험실에서 화재를 일으켜 차장에게 얻어맞고 귀가 먹은 아이, 15세 때 역장집 아이를 구해주고 그 대가로 전신수가 된 소년, 이후 1천 종이 넘는 특허를 보유한 발명왕. 바로 토머스 에디슨(Thomas Edison)이다.

에디슨은 축음기, 전화기, 전구 등 수많은 전기 관련 도구를 발명했다. 그는 누구나 '어디서나 빛을(Lighting Everywhere)' 누릴 수 있는 세상의 비전을 제시하였고, 그 비전이 실현된다면 모든 사람이 밤에도 일할 수 있고 책을 읽을 수 있으며 즐길 수 있다는 시나리오를 그렸다.

에디슨은 이러한 시나리오를 실현시키기 위해서는 전국의 가정과 도시의 모든 골목길을 연결하는 전력망이 구축되어야 한다는 로드맵을 구상했다. 이를 위해 이용자의 입장에서 그 혜택을 누릴 수 있는 전구의 발명을 최종 목표로 삼았다. 당시 전구를 발명하기 위해 반드시 이루어 내야 할 대도전은 오랫동안 빛을 낼 수 있는 필라멘트를 만들어 내는 일이었다. 뜨거운 열에 오랫동안 견딜 수 있는 필라멘트만 만들 수 있다면 '어디서나 밝은 빛을 이용한다'는 에디슨의 비전은 현실로 이루어질 수 있을 것이었다.

옥스퍼드 대 영문학과 교수 존 캐리(John Carey)는 『지식의 원전

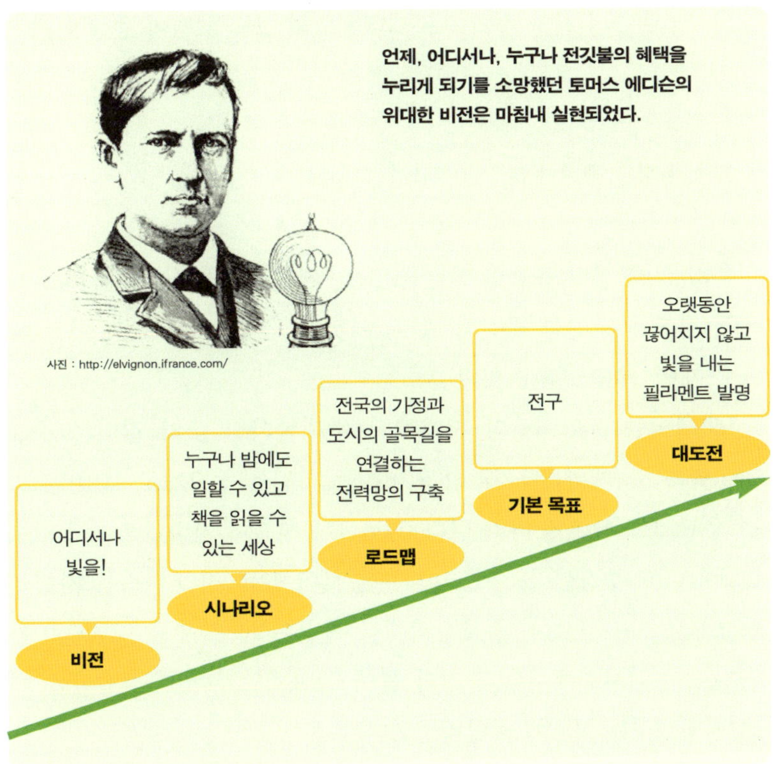

『The faber book of science』에서 에디슨이 전구를 발명하는 과정을 '길고도 지루한 사냥'이라고 묘사했다. 오랫동안 끊어지지 않고 견디는 필라멘트를 만들기 위해 에디슨은 여러 가지 재료를 이용해 수없이 많은 실험을 했다. 무명실, 아마실, 마닐라삼, 낚싯줄, 나무뿌리, 옥수수 수염, 심지어 사람의 턱수염까지.

　수많은 실패에도 굴하지 않은 에디슨은 마침내 1879년 10월 21일,

전류를 흘려 보낼 때 생기는 심한 열에도 견디는 필라멘트를 만들어 냈다. 작은 유리 전구 속에 프로메테우스의 불빛을 담아 낸 것이다.

희소재에서 풍요재로

우리 삶에 정말 유용한 물건들은 일상생활 속에 스며들며 희소재에서 풍요재로 진화 발전해 왔다. 이것이 곧 유비쿼터스의 가장 중요한 개념이라고 할 수 있다.

『텔레코즘*Telecosm*』의 저자이자 미래학자인 조지 길더(George Gilder)는 사람들이 아낌없이 써버리는 자원을 풍요재로 보았다. 그는 풍요재도 시대에 따라 달라지고 점차 시간이 지나면서 희소재로 변해왔다고 주장한다. 이를테면 농업시대에는 '시간'이라는 자원을 풍요재로 사용했으나, 정보사회에서 시간은 희소재가 되었다. 마찬가지로 농업사회에서는 공기와 물이 풍요재였지만, 오늘날에는 재화를 생산하는 희소재로 탈바꿈했다.

이와는 반대로, 유비쿼터스의 개념은 컴퓨터와 네트워크가 희소재에서 풍요재로 바뀌어 우리의 일상 환경에서 언제, 어디서든, 누구나 사용할 수 있는 세상이 되어가는 과정이라고 이해할 수 있다.

백열등이 막 실용화되기 시작했을 때에는 하나의 전구가 밝히는 빛을 마치 등대처럼 여러 사람이 함께 사용했다. 사람이 많이 모이는 도시의 광장을 중심으로 가로등이 설치되기 시작했고, 일반 가정에서는 가능한 한 전등의 수를 줄이고 사용 시간도 아꼈다. 그러나 오늘날 한 사람이 사용하는 전등의 수는 이루 헤아릴 수 없을 만큼 많으며, 무수히 많은 전구가 일상적인 사물들 속에서 빛을 발하고 있다.

이처럼 우리 일상생활에서 유비쿼터스 개념을 설명할 수 있는 사례는 얼마든지 있다. 시계 역시 희소재에서 풍요재로 전환하는 과정을 거치면서 '어디에나 시계'로 진화 발전해 왔다. 과거에는 광장에 있는 하나의 시계를 중심으로 여러 사람이 시간이라는 정보를 공유했다. 이후 시계 제조 기술이 발달하여 점차 소형화되고 가격도 싸지면서 시계는 다양한 형태로 우리의 일상생활 속 어디에나 스며들게 되었다. 오늘날 시계는 자동차·휴대전화·가전제품 등 수많은 사물에 내장되어 있지만, 우리는 시계의 존재를 인식하지 못한 채 많은 도움을 받고 있다.

산업혁명 이후 급속히 보급된 모터 또한 유비쿼터스 개념을 설명할 수 있는 좋은 사례다. 과거에는 대부분 하나의 모터로 공장의 여러 기계를 가동시켰다.

1970년대까지만 하더라도 우리나라 농촌의 큰 마을에는 으레 정미소가 있었고, 정미소에는 위압감을 줄 만큼 거대한 발동기(모터)가 버티고 있었다. 그 육중한 발동기를 돌리는 정미소 주인의 모습이 신기해 보일 정도였다. 발동기와 그 동력을 전달하는 벨트가 어지럽게 걸려 있는 모습은 정미소의 상징이기도 했다.

그러나 오늘날의 정미소에서는 발동기의 모습을 어디에서도 찾을 수 없다. 모터 역시 기술의 발달에 따라 소형화, 저가격화, 고성능화되어 기계 속으로 파고들었다. 오늘날 모터는 냉장고·컴퓨터·면도기·칫솔 등 일상적인 사물들 속으로 스며들어 우리의 생활을 한껏 편리하게 해주고 있다.

운전을 하거나 걸어다닐 때에도 컴퓨터를 귀고리나 안경처럼 간편하게 걸치고 보다 안전하게 이용할 수 있는, 가까운 미래의 휴대 단말기는 유비쿼터스 사회의 편익을 실감하게 해준다. 모터나 시계가 우리 곁으로 친숙하게 다가왔듯이, 이제 컴퓨터가 우리 일상생활 구석구석에 자리잡아 마치 간편한 액세서리나 옷처럼 우리 신체와 일체화되고 있다. 컴퓨터는 외출할 때 구두를 신거나 시계를 차듯이, 또는 선글라스를 끼듯이 자연스럽게 우리 생활 속으로 녹아들고 있다.

웨어러블 컴퓨터(Wearable Computer)

착용형 컴퓨터라고도 하며, 옷 · 시계 · 안경 · 허리띠 등의 형태로 몸에 입고 걸칠 수 있는 차세대 PC를 의미한다. 컴퓨터를 언제 어디서나 손쉽게 사용할 수 있는 환경을 만들기 위해, 컴퓨터가 우리 신체와 일체화되어 자연스럽게 일상생활에 스며들도록 하려는 목적으로 연구가 시작되었다. 현재 국방과 보건 부문에서 적용이 활발하게 검토되고 있으며, 반도체와 전자회로를 옷감에 넣되 세탁도 가능한 지능형 의복이 연구 중에 있다.

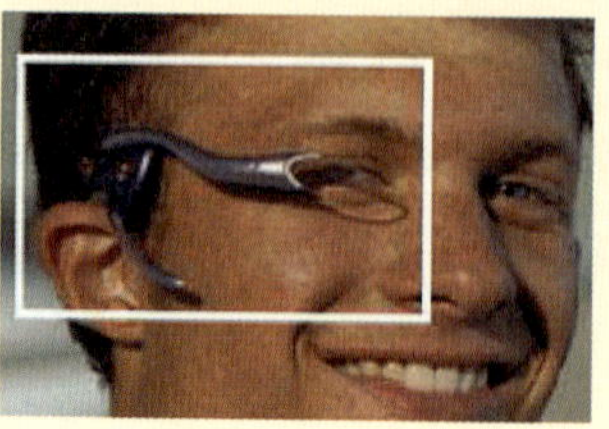

사진 : http://www.vs.inf.ethz.ch/

3

어디까지 실현되었나?

유비쿼터스 시대의 선봉장, 교통카드

일상생활 구석구석에 컴퓨터가 스며들어 있는 모습은 과연 어떤 것일까?

모처럼 KTX를 타고 여행을 떠난다. 얼마 후 목적지에 도착해 플랫폼에 내린다. 3박 4일로 예정한 여행이라 짐도 적지 않고, 오랜만의 여행으로 몸도 조금 피곤하다. 그런데 개표소로 올라가는 에스컬레이터가 멈춰 서 있다.
"왜 하필 이 시간에 고장이람!"
투덜거리며 옆의 계단으로 올라가려고 하는데, 에스컬레이터가 소리도 없이 스르르 움직이기 시작한다.

눈에 보이지 않는 컴퓨터가 제자리를 지키고 있다가 사람이 다가온 것을 알아채고 에스컬레이터를 작동시킨 것이다. 눈여겨보니 옆의 안내판에 다음과 같이 적혀 있다.

"이 에스컬레이터는 손님이 없으면 정지하고, 손님이 있을 때에만 작동하는 자동운전 방식입니다."

에스컬레이터가 사람이 다가온 것을 감지하고 작동한 것은 광센서가 숨어 있기 때문이다. 에스컬레이터에 사람이 다가가면 빛의 양에 변화가 생기고, 이를 감지한 광센서가 에스컬레이터를 작동하도록 지시한다. 빛이 직진하여 물체를 투과하거나 부딪쳐 반사한다는, 극히 간단한 성질을 이용한 것이다.

여기서 한 걸음 더 발전한 유비쿼터스 시대의 에스컬레이터는 승객의 스마트 승차권을 인식하고, 상냥하게 인사를 건넨 후 개표소를 알려 주거나 다음 기차를 안내할 수도 있을 것이다.

우리가 무심코 이용하는 교통카드는 유비쿼터스 시대를 앞당기는 선봉장이다. 우리는 초박막형 컴퓨터를 특별히 의식하지 않은 채 몸에 지니고 다니면서 지하철과 버스를 편리하게 이용하고 있다. 바쁜 출퇴근 시간에 지하철 승차권을 구입하기 위해 길게 줄을 서지 않아도 되고, 시내버스 안에서 잔돈이 없어 쩔쩔맬 일도 없다. 버스에서 지하철로 혹은 지하철에서 버스로 갈아탈 때 이 교통카드를 이용하면 요금도 절약된다.

우리가 항상 이용하는 지하철의 자동 개표소에도 컴퓨터가 숨어 있다. 역무원의 일손을 덜어 주고, 승객은 기다리지 않고 자연스럽

여기서 잠깐!

휴대전화와 PDA

휴대전화는 간편하고 자유롭게 사용할 수 있다는 장점 덕분에 단기간에 널리 보급되었다. 양손을 다 사용해야 하는 PC나 PDA에 비해 한 손으로 간단하게 사용할 수 있고, 동시에 언제나 스위치가 켜진 상태이기 때문에 필요할 때 바로 사용할 수 있다.

가지고 다니기도 편리해서 언제든 사용할 수 있고 어플리케이션 영역도 계속 확장되면서 유비쿼터스 정보 단말기로서의 조건을 갖춰가고 있다. 특히 휴대전화와 인터넷의 만남으로 언제, 어디서나 인터넷에 접속할 수 있는 환경이 점차 갖춰지고 있다.

한편, 개인 휴대 단말기인 PDA(Personal Digital Assistants)는 휴대용 컴퓨터의 일종으로, 손으로 쓴 정보를 입력하거나 개인 정보를 관리하거나 컴퓨터와 정보를 교류하는 등의 기능이 가능한 기기를 말한다. 인터넷을 통해 집이나 사무실에 있는 컴퓨터로 작성한 문서 파일을 다운로드받으면 이동하면서도 계속 작업할 수 있다.

PDA는 과거에는 기능의 제약으로 인해 개인 정보 관리나 일정 관리 등 제한된 용도로만 사용되었으나, 기술의 비약적인 발전에 힘입어 차세대 PC의 선두주자로 주목받고 있다.

게 개표소를 빠져나갈 수 있도록 해준다.

머지않아 한 장의 스마트 카드로 택시를 포함한 전국의 모든 대중교통 수단을 자유롭게 이용할 수 있는 것은 물론, 편의점·극장·도서관 등도 이 카드 한 장으로 이용이 가능해질 것이다. 스마트 카드 속에는 자체 연산이 가능한 초소형 컴퓨터가 들어 있어, 이용자들을 성가시게 하지 않으면서 지불 기능을 완벽하게 수행해 준다.

사람들이 웬만큼 모이는 곳이면 어디에나 현금출납기가 있다. 이

역시 은행에 가지 않고도 언제든지 현금을 찾을 수 있도록 해주는 고마운 컴퓨터다.

이렇듯 조금만 신경을 써 돌아보면, 우리는 이미 무수히 많은 컴퓨터와 더불어 살고 있음을 알 수 있다.

보다 인간다운 생활 공간을 위하여

현재의 유비쿼터스 컴퓨팅 환경은 아직 걸음마 단계다. 컴퓨터의 도움을 받기 위해서는 사람이 일일이 컴퓨터 사용법을 익혀야 한다. 유비쿼터스의 기본 개념은 컴퓨터가 인간을 귀찮게 하지 않고 이용자인 주인을 위해 충직한 하인이 되는 것이다. 기술이 빠른 속도로 진보하고 있다고는 하지만, 당분간은 인간이 컴퓨터를 따라가야지 컴퓨터가 인간에 맞춰 적응하기는 어려울 것으로 보인다.

유비쿼터스 패러다임으로 전환하기 위해서는 컴퓨팅 기술이 인간에게 적응해야 한다. 컴퓨팅 기술이 도구이기보다는 인간과 자연스럽게 호흡하는 '또 하나의 생활 환경'이 되어야 하는 것이다. 컴퓨팅 기술의 최종 목표는 생산성의 향상이나 효율성의 극대화가 아니다. 보다 중요한 것은 삶의 질의 향상이며 인간이 보다 인간다운 삶을 영위할 수 있는 환경을 제공하는 것이다.

유비쿼터스 컴퓨팅의 근본 이념은 '보다 인간다운 생활 공간의 창조'다. 우리가 컴퓨팅 기술의 도움을 받더라도 그 존재를 의식하고 있다면 아직은 유비쿼터스 사회가 아니다. 다가오는 유비쿼터스 사

현재의 컴퓨터	미래의 컴퓨터
· 인간이 컴퓨팅 기술에 적응	컴퓨팅 기술이 인간에 적응
· 생활의 도구	생활 환경
· 생산성 향상을 목표로 함	삶의 질 향상을 목표로 함
· 인간이 관리 및 보호해야 할 대상	보다 인간다운 삶을 제공하는 환경

회는 컴퓨터가 생활 환경 곳곳에 스며들어 언제, 어디서나, 부지불식중에 컴퓨터의 도움을 받을 수 있는 환경을 기반으로 한다. 즉, 상황 인식(Context Awareness)이라는 기술에 의해 컴퓨터들이 우리의 주변 상황을 항상 파악하여 우리가 요구하기 전에 원하는 정보와 서비스를 제공해 주는 새로운 생활 환경이다.

유비쿼터스 세상! SF 영화나 소설에만 나오는 이야기 같지만 우리는 이미 유비쿼터스 세상을 향해 한 발을 내딛고 있다.

4

어제, 오늘 그리고 내일의 컴퓨터

에니악에서 UC까지

에니악(ENIAC)이라는 인류 최초의 컴퓨터는 1942~1946년에 개발되었다. 에니악은 1만 8천 800개의 진공관을 사용했고, 무게 30톤으로 교실 크기의 42평 공간을 차지했으며, 가격은 300억 원에 달했다. 1초에 5천 번의 덧셈과 뺄셈, 350번의 곱셈 처리 능력을 가진 에니악은 당시 전문가가 7시간 걸려서 계산한 문제를 불과 3초 만에 풀었다고 한다.

이 최초의 컴퓨터가 탄생한 지 60여 년이 지난 지금, 컴퓨터 기술은 경이로운 발전을 이루었다. 무게는 6만 분의 1(500그램)로 줄었고, 크기는 3만 분의 1(0.02평)로 감소했다. 가격은 30만 원짜리 컴퓨

에니악

초기 매킨토시 컴퓨터

초기 IBM 컴퓨터

데스크톱

노트북

PDA

사진 : http://www.encyber.com

터가 출시되고 있으니 1만 분의 1로 떨어진 셈이고, 처리 능력은 1초에 4억 4천만 개의 명령어를 처리할 수 있으니 8만 8천 배나 향상되었다.

이러한 컴퓨터 관련 기술의 발전 속도로 볼 때 향후 10년 동안 또 어떤 변화가 일어날지를 가늠하기란 여간 어려운 일이 아니다. 불과 몇 년 전까지만 해도 휴대전화로 언제 어디서나 인터넷에 접속할 수 있으리라고 상상이나 할 수 있었는가? 그러나 오늘날 우리는 휴대전화로 몇 시간짜리 동영상을 촬영하고, 언제 어디서나 TV를 시청할 수 있는 세상에 살고 있다.

낙관적인 전문가들은 2030년대에는 컴퓨터가 인간의 두뇌처럼 생각하고 판단할 수 있는 수준에 도달할 것이라고 전망한다. 향후 컴퓨터의 소형화·다기능화는 물론 컴퓨팅 파워가 획기적으로 증대되어, 1천 달러짜리 컴퓨터의 성능이 현재보다 1천만 배 이상 향상되리라고 보는 것이다.

20세기에 인간이 만들어 낸 과학기술의 가장 위대한 성과 가운데 하나라고 일컬어지는 컴퓨터는 이처럼 인간을 닮아가며 진화하고 있다.

유비쿼터스 시대의 컴퓨터

이용자 관점을 중시하는 유비쿼터스 시대의 컴퓨터는 현재의 범용 컴퓨터와는 사뭇 다르다.

오늘날 보통의 PC 이용자들은 워드프로세서와 e메일, 인터넷 검색 등 극히 일부의 기능만을 반복해서 사용할 뿐이다. 따라서 이용자 입장에서는 이렇게 반복적으로 사용하는 기능을 언제, 어디서나, 보다 간편하게 사용할 수 있는 형태가 바람직하다. 유비쿼터스 컴퓨팅은 바로 이러한 이용자의 요구를 충족시키는 것이라고 할 수 있다.

다시 말해, 현재의 컴퓨터는 소프트웨어나 주변 기기를 추가하여 다양한 기능을 수행하는 범용 컴퓨터지만, 유비쿼터스 시대의 컴퓨터는 개별적으로는 무척 단순한 기능만을 수행한다. 대신 개별 컴퓨터들이 유기적으로 연결되어 전체적으로 가치 있는 서비스를 제공하게 된다.

즉, 현재의 컴퓨터는 목적을 특별히 정하지 않고 포괄적인 사용을 전제로 하기 때문에 이용자가 복잡한 사용 방법을 학습해야 하는 반면, 유비쿼터스 시대의 컴퓨터는 용도가 분명하기 때문에 개인이 사용 방법을 몰라도 컴퓨터가 알아서 해결하게 되는 것이다.

과거의 컴퓨터는 그 몸체만으로도 교실 크기의 방을 가득 채울 정도로 거추장스럽고 시야를 가로막는 도구였다. 그러나 미래의 컴퓨터는 방 안에 수백 개가 자리잡고 있을지라도 각각의 기기와 사물 속에 숨어 눈에 보이지도 않는다. 인간을 성가시게 굴지 않을 뿐만 아니라, 있는지조차 모를 정도로 조용히 주인이 사용해 주기를 기다리거나 이용자가 처한 상황을 미리 파악해 적절한 조치를 취한다.

화분 속의 컴퓨터는 물을 줄 때를 알려 주고, 벽에 걸린 액자 속의 컴퓨터는 주인의 취향에 맞춰 다양한 그림을 채워 줄 것이다. 컴퓨터와 네트워크가 산소처럼 어디에든 스며들어 우리의 일상생활을 풍요롭게 에워싼다.

5

어제, 오늘 그리고 내일의 네트워크

사이버 공간에서 유비쿼터스 공간으로

오랫동안 공중통신망의 역할은 전국의 가정에 있는 전화기를 연결해 음성으로 통신을 할 수 있게 하는 것이 사실상 전부였다.

1980년대 후반에야 우리는 국민적·국가적 숙원사업이었던 전화 적체를 해소하고 전국 자동다이얼 체제를 확립했다. 19세기 후반 궁중에 처음으로 전화가 도입된 후 100년 만에 이룬 성과였다.

그런데 1990년대 들어와 PC가 보급되고 인터넷 시대가 열리면서 사정은 크게 달라졌다. 모뎀을 통해 공중통신망에 PC를 연결하고, 인터넷에 접속해 메일을 주고받으며 다양한 정보를 검색할 수 있게 되었다. 전화기 연결을 통해 음성을 보편적으로 주고받는 통신망으로뿐만 아니라, 인터넷에 접속할 수 있는 PC를 전 국민이 간편하게 연결해 활용하는 보편적인 정보통신망으로 변신한 것이다.

1990년대 말 이후에는 초고속 정보통신망이 깔리면서 인터넷을 활용하는 환경이 급속히 개선되었다. 문자 정보뿐만 아니라 동영상과 음악 등을 즐길 수 있게 된 것이다. 그러나 초고속 정보통신망은 사무실이나 가정에 있는 '책상 위의 PC'라는 제한적인 공간에서의 고속도로일 뿐이었다.

유비쿼터스 시대에는 정보통신망의 개념과 역할이 근본적으로 달라진다. 초고속 정보통신망의 한계를 보완하고 유비쿼터스 시대를

유비컴의 주요 기술 | 광대역 통합망

광대역 통합망(Broadband convergence Network, BcN)이란 유비쿼터스 세상의 중추신경망으로, 통신·방송·인터넷이 하나로 융합된 품질 보장형 광대역 통신 서비스로 정의된다. 기존에 독립적으로 운영되었던 통신망·방송망·인터넷망이 통합되어 하나의 망으로 운영되고, 다양한 콘텐츠가 언제 어디서나 안전하게 대용량으로 유통되는 차세대 네트워크를 말한다.

광대역 통합망을 통해 1.5~2Mbps 수준이었던 기존의 초고속 인터넷 서비스의 속도를 대폭 향상시켜 50~100Mbps 수준의 서비스를 제공할 수 있을 뿐만 아니라, 어떠한 상황에서도 동일한 통신 품질을 보장하는 품질 보장형 서비스를 제공할 수 있게 된다.

대비한 새로운 정보 고속도로로서, 정부에서는 2010년까지 광대역 통합망을 구축할 계획이다.

광대역 통합망은 기존의 초고속 정보통신망보다 100배 빠른 속도로 통신·방송·인터넷 서비스를 동시에 제공한다. 초고속 정보통신망에서는 인터넷을 통해 동영상과 음악을 즐기는 정도였지만, 광대역 통합망에서는 PC는 물론 TV·냉장고·휴대전화 등이 하나로 연결되어 대용량의 정보를 실시간으로 주고받을 수 있게 된다.

현재는 초고속 정보통신망을 매개로 사람과 컴퓨터 간의 통신을 다루는 'e-세계'다. 그러나 광대역 통합망의 세계는 통신의 대상이 '사람⇔컴퓨터'에서 '사람⇔컴퓨터⇔사물'로 확장된다.

지금까지 정보통신망과는 독립적으로 발전해 온 전파식별(RFID)

태그, 고기능 센서, 로봇, 자동차, 기계 등의 사물과 기기들이 네트워크를 만나 일종의 단말기 역할을 하게 된다. 따라서 광대역 통합망은 사물 간의 통신 서비스까지 다루는 '만물 정보통신망'으로 발전하면서 유비쿼터스 사회를 견인하는 핵심 인프라가 될 것이다.

특히 유비쿼터스 사회에서는 사물을 인식하고 그 정보를 컴퓨터로 처리할 수 있도록 사물에 부착하는 RFID 태그가 중요한 역할을 하게 된다. RFID(Radio Frequency IDentification)는 모든 사물에 일종의 신분 증명이 가능하도록 함으로써, 우리가 사물이나 공간에 접속할 수 있도록 도와주는 유비쿼터스 세상의 대표 기술 중 하나다.

RFID는 현재 슈퍼마켓 등에서 일반적으로 사용하고 있는, 레이저 빛을 이용한 바코드가 진화된 21세기형 바코드라고 할 수 있다. 하지만 다른 점도 있다. 바코드는 판독기를 접촉해야만 정보를 읽을 수 있지만, RFID는 무선으로 수신하기 때문에 원거리에서도 사물 정보를 판독할 수 있다. 따라서 사람의 개입을 최소화할 수 있다는 장점을 갖는다. 또 바코드는 개별 물건을 일일이 읽어야 하지만, RFID는 수십 개의 제품을 한꺼번에 읽을 수 있어 보다 효율적이다.

뿐만 아니라 개별 제품마다 고유한 인식번호를 부여할 수 있기 때문에 보다 다양한 서비스 활용이 가능하다. 이러한 장점으로 인해 RFID는 식료품 관리에서 축산물 관리, 폐기물 관리, 환경 관리, 보안 등에 이르기까지 우리 생활의 다양한 분야에서 널리 응용될 전망이다.

정보통신 기술의 진화를 인간 역량의 확장으로 보고 우리 신체의 기능과 비교해 보면 유비쿼터스를 이해하는 데 도움이 된다. 인간의 몸을 구성하는 세포들은 혈관과 신경이라는 두 개의 네트워크로 연결되어 있고, 그 네트워크에는 생명을 유지하고 정신적·육체적 활동을 가능하게 하는 물질과 정보가 흐르고 있다.

사람과 물건이 이동하는 고속도로와 간선도로를 대동맥과 모세혈관에 비유한다면 대용량 정보를 실시간으로 전송하는 초고속 정보

• 유 비 쿼 터 스 시 대 의 커 뮤 니 케 이 션 •

여기서 잠깐!

신선 정보와 ID

지금 현재 이 시점에서 발생하고 있는 상황 정보, 마치 살아서 펄떡펄떡 뛰는 생선과 같은 정보를 신선 정보(Fresh Information)라고 할 수 있다. 예를 들어 위성으로 지상의 위치 정보를 얻는 GPS와 차량을 연결해 현재의 운행 속도, 급발진 및 급브레이크 정보, 주변의 교통 상황, 날씨 등을 실시간으로 파악할 수 있는 GPS 기반 차량 운행 관리 시스템은 전형적인 신선 정보를 다룬다.

ID(IDentification)란 복수의 이용자가 사용하는 컴퓨터 등에서 이용하고 있는, 개인을 식별하기 위한 숫자 혹은 문자로 된 인증기호로서 전자적 신분 증명서 역할을 한다. 우리가 PC에 접속해 서비스를 이용할 경우 자신을 증명하기 위해 반드시 ID를 입력해야 한다. 특히 유비쿼터스 컴퓨팅에서는 사물을 인식하고 그 정보를 컴퓨터에 입력할 수 있도록 하기 위해, 그 사물을 식별하는 ID가 전파식별(RFID) 태그 등을 부착하는 방식으로 부여된다.

통신망과 센서 네트워크는 각각 중추신경과 말초신경에 비유할 수 있다.

우리 몸의 신경망에는 언제 어디서나 오감을 통해 느끼고 주변 환경의 변화를 감지할 수 있는 신선한 정보가 물 흐르듯이 흘러 다닌다. 전자적 식별 정보나 변화하는 상황 정보를 실시간으로 인식하고 추적하는 각종 센서들은 우리 몸의 눈, 코, 귀, 혀, 피부 등 오감 기관의 기능을 수행한다고 볼 수 있다. 센서들로부터 수집된 정보들은 우리 몸의 정보가 신경망을 타고 이동해 두뇌에서 처리되는 것과 마찬가지로 CPU에서 처리되고 하드디스크에 저장된다.

캐나다의 미디어 평론가 마샬 맥루한(Marshall Mcluhan)은 『미디어의 이해, 인간의 확장』이라는 책에서, 세상에 존재하는 모든 매체가 인간 능력의 확장이라고 주장한다. 책은 눈의 확장이고 바퀴는 다리, 옷은 피부, 전자회로는 중추신경의 확장으로 본 것이다. 유비쿼터스 세상은 맥루한의 시각으로 보면 인간 능력의 무한한 확장이라고 할 수 있다.

커뮤니케이션하고자 하는 인간의 욕망은 끝이 없다. 지금까지의 정보기술과 시스템은 인간과 인간의 커뮤니케이션 능력을 확장 또는 보완하는 역할을 주로 해왔다. 그러나 유비쿼터스 기술은 인간과 인간 사이의 커뮤니케이션은 물론, 사물-환경-인간을 유기적으로 연결하는 새로운 커뮤니케이션의 세계를 개척하고 있다.

우리는 숲속 호수의 물이 변함없이 맑은지, 새들은 건강하게 잘 자라는지, 토양이 오염되고 있지는 않은지 등 우리가 관심을 갖고 있는 모든 대상과 서로 소통하는 만물 정보통신의 시대를 맞이하고 있다.

유비쿼터스 시대에는 인간 사이의 커뮤니케이션이 보다 고도화되어 통신 대상이 사물로까지 확장된다. 통신하고자 하는 대상에 대한 제약이 사라지는 것이다. 세상의 모든 것이 사실상 네트워크에 연결된 단말로 전환된다고 해도 무리는 아니다. 유비쿼터스 세상은 모든 사물이 단말이 되는 세상인 것이다.

세계적인 미래학자 앨빈 토플러(Alvin Toffler)는 일찍이 인류가 약 1만 년 전에 일어난 농업혁명에 의한 제1의 물결, 약 300년 전에 산업혁명으로 촉발된 제2의 물결을 거쳐 이제 정보혁명이라는 제3의 물결을 맞이하고 있다고 진단했다.

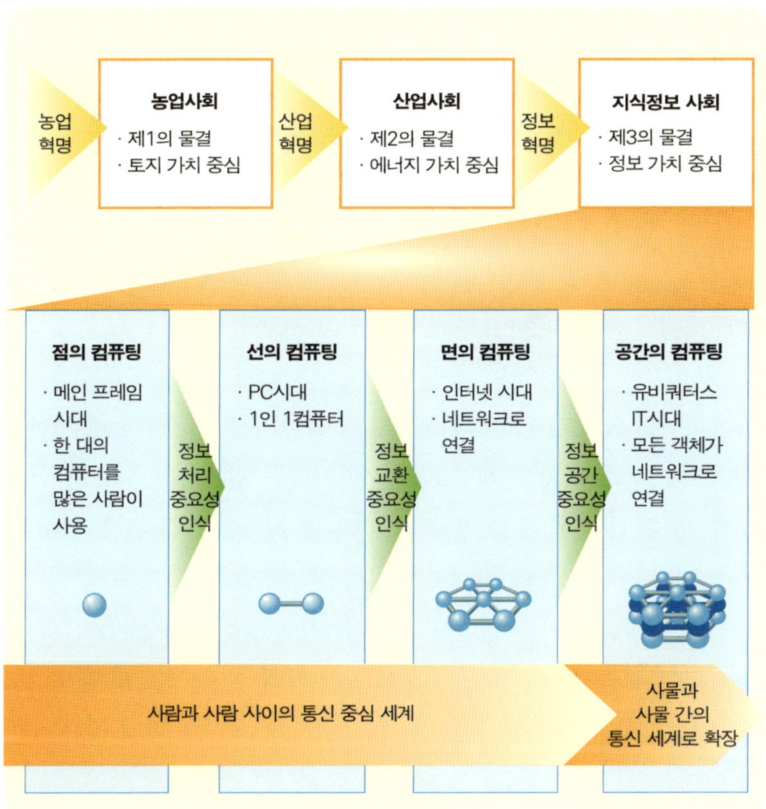

토플러가 예견한 제3의 물결로서의 정보혁명은 컴퓨터의 사용 형태에 따라, 네트워크에 연결되지 않고 독립적으로 기능하는 메인 프레임 중심의 '점의 컴퓨팅' 단계, 서버와 클라이언트 컴퓨터를 전용선으로 연결하여 사용하던 '선의 컴퓨팅' 단계를 거쳐서, 지금은 인터넷의 발전으로 전 세계의 컴퓨터가 하나의 네트워크로 연결된 '면

의 컴퓨팅' 단계에 와 있다.

컴퓨팅의 진화 속도는 조금도 늦추어지지 않는다. 이제는 사물을 포함한 모든 객체 속에 내장된 초소형 컴퓨터가 네트워크로 연결되어 생활 환경 자체가 컴퓨터가 되는 '공간의 컴퓨팅' 단계로 진입하려 하고 있다.

네트워크, 단말, 콘텐츠의 제약을 받지 않는 IT환경

유비쿼터스 네트워크는 일본의 노무라 연구소를 중심으로 제안된 개념으로, 컴퓨터의 편재성보다는 인터넷과 같은 네트워크의 편재성에 더 큰 비중을 두고 있다. 노무라 연구소에서 주장하는 유비쿼터스 개념은 다음의 세 가지로 정리해 볼 수 있다.

첫째, 네트워크의 관점에서 고정과 이동, 유선과 무선, 통신과 방송이라는 지금까지의 미디어 영역을 초월해 이용 장소를 불문하고 끊김 없이 항상 접속할 수 있는 '네트워크의 제약을 받지 않는 IT환경'이다.

둘째, 단말 관점에서 대형 범용 컴퓨터나 PC뿐만 아니라 휴대전화, PDA, 게임기, 카 내비게이션, 디지털 TV, 자판기, 디지털 카메라 등은 물론, 다양한 사물에 부착되는 RFID 등 각종 정보기기나 센서가 인터넷으로 연결되는 '단말의 제약을 받지 않는 IT환경'이다.

셋째, 콘텐츠 관점에서 문자나 음성 그리고 사진뿐만 아니라 동영상을 포함한 대용량의 멀티미디어 콘텐츠를 자유롭게 주고받을 수 있는 '콘텐츠의 제약을 받지 않는 IT환경'을 말한다.

유비쿼의 주요 기술 | 와이브로와 텔레매틱스

와이브로(WiBro, Wireless Broadband)란 정지해 있을 때뿐만 아니라 이동 중에도 언제 어디서나 고속으로 무선 인터넷 접속이 가능한 한국형 휴대 인터넷 서비스다. 2.3GHz 주파수 대역을 이용해 서비스가 제공되기 때문에 '2.3GHz 휴대 인터넷'으로 불리기도 한다.

와이브로는 이동 중에도 고속으로 인터넷에 접속할 수 있다는 점에서 기존의 무선 랜(WLAN)이나 이동통신 기반의 모바일 인터넷과 차별화될 것으로 기대되고 있다. 전화 시장 및 초고속 인터넷 시장이 포화 상태가 되면서 새로운 시장을 형성하는 통신 시장의 차세대 성장 동력으로 중요한 의미를 갖는다.

구분	와이브로	무선 랜	모바일 인터넷
응용 서비스	무선 인터넷	무선 인터넷	음성 및 무선 인터넷
가입자당 전송 속도	약 1Mbps	1Mbps 이상	약 100Kbps
이동성	60km/h 이상	보행	205m/h 이상
셀 반경	약 1km	약 100m	1~3km

텔레매틱스(Telematics)는 통신(Telecommunication)과 정보과학(Informatics)의 합성어로, 지리 정보와 무선통신망을 이용해 교통·관광 안내, 위치 정보 제공, 멀티미디어 콘텐츠 서비스 등을 제공하는 차량용 정보통신 서비스를 말한다. 자동차를 기반으로 이동통신, 인터넷, 내비게이션 등을 통해 각종 정보를 실시간으로 제공받을 수 있다.

제3의 인터넷 공간으로 불리는 텔레매틱스는 이동통신과 자동차를 결합하여 차량에서의 편리함과 안전 그리고 즐거움과 안락함을 제공한다. 초기에는 긴급 구조·교통 정보 제공·주행 안내 등 안전 관련 서비스와 운전자 의사결정 지원 서비스가 대부분이었으나, 원격 진단 등 차량 관리 서비스와 더불어 차량의 모바일 오피스화를 통한 업무 지원 서비스로 진화하고 있다.

한마디로 유비쿼터스 네트워크는 지금까지 단말로 간주되지 않았던 다양한 기기와 네트워크의 이음매 없는 연결성에 비중을 두는 개념이다. 현실세계의 사물과 환경 속으로 파고든 다양한 컴퓨터가 서로 최적으로 연결되어, 언제 어디서나 자유롭게 네트워크를 이용할 수 있는 유비쿼터스 컴퓨팅의 전 단계라고 할 수 있다.

현대판 여의봉 GPS 지팡이

그럼, 통신의 대상에 아무런 제약도 없는 만물 정보통신의 세계는 어떤 세상일까? 타임머신을 타고 우리가 가까운 미래에 맞이하게 될 유비쿼터스 도시의 모습을 잠시 들여다보자.

우리는 눈이 불편한 시각 장애인이 지팡이 하나에 의지한 채 횡단보도를 건너가는 위험한 모습을 종종 접한다. 북적이는 수많은 사람을 헤치고 아슬아슬하게 걸어가는 모습을 보며 당사자의 안타까운 마음을 느끼기도 한다. 그러나 다가올 유비쿼터스 세상은 그들에게 커다란 복음이 될 것이다.

현재 우리가 사용하고 있는 자동차 GPS(Global Positioning System) 서비스의 위치 정확도는 15미터 정도의 오차범위를 갖는다. 그러나 2008년에 상용화될 것으로 예정된 유럽의 독자적인 위성 항법 시스템 갈릴레오 GPS를 이용하면, 오차범위 1~2미터 정도의 정확도로 실시간 위치 측정이 가능해진다. 이쯤 되면 GPS를 탑재한 자동차가 도로의 몇 차선에서 달리고 있는지까지 쉽게 판별할 수 있다.

유티즌의 하루 | GPS 지팡이

2015년 어느 날의 풍경. 소라는 선천적인 시각 장애인이다. 하지만 언제나 갖고 다니는 지팡이만 있으면 친구네 집, 병원, 음악회 등 어디든 안심하고 다닐 수 있다. 소라가 사용하는 지팡이에는 목적지를 가장 빠르고 안전한 경로로 안내하고 앞에 자전거 등 위험물이 있으면 친절하게 미리 알려 주는 GPS 기능이 탑재되어 있기 때문이다.

소라의 GPS 지팡이는 10센티미터 단위로 위치를 파악할 수 있기 때문에 동네 골목길까지도 정확하게 확인할 수 있다. GPS 지팡이는 다가오는 자동차에 미리 소라의 위치를 알려 주기도 하고, 횡단보도를 건널 때는 파란 신호를 연장해 주기도 한다. 또 소라의 부모님은 이 GPS를 통해 소라가 지금 어디를 지나가고 있는지 실시간으로 확인할 수 있다.

GPS 시스템과 갈릴레오 프로젝트

GPS 시스템은 인공위성을 통해 파악된 위치 정보를 바탕으로 항공기·선박·자동차의 자동 항법 및 교통 관제, 유조선의 충돌 방지, 대형 토목공사의 정밀 측량, 지도 제작 등을 지원해 주는 등 여러 분야에서 응용되고 있다. 인공위성을 이용한 항법 시스템인 GPS는 미국 국방부의 주도로 개발되어 현재 24개의 위성이 운영되고 있다.

현재 GPS 위성은 미 국방부가 관리하고 있으며, 서비스가 무료로 제공되고 있다. 그러나 GPS에 대한 이용자 편익이 계속 증대되고 있으며 국가 안보 차원에서도 그 중요성이 높아지고 있기 때문에, 과도한 의존은 유사시에 예기치 않은 문제를 발생시킬 수 있다는 점이 지적되어 왔다.

이에 따라 유럽연합은 2006년부터 2007년까지 30개의 위성을 발사하여 2008년부터 위치 정보 서비스를 개시한다는 '갈릴레오 프로젝트'를 추진하고 있다. 갈릴레오 위성은 기존의 GPS 위성이 북미 대륙에 초점을 맞추고 있어 다른 지역에서의 오차가 크다는 점을 감안, 유럽 지형에 초점을 맞춰 오차범위를 1미터 이내로 줄일 예정이다.

유럽연합은 지리적으로 북미보다 유럽에 더 가까운 아시아 국가들 역시 기존의 GPS보다 갈릴레오 위성을 활용하는 게 더 바람직하다고 주장하면서, 우리나라에도 위성 제작 및 발사 비용의 분담을 요구하고 있다.

편안하고 안전한 디지털 세상

어디서나 '끊김 없이' 접속할 수 있다

지금까지의 네트워크 환경에서는 가정에서는 ADSL, 호텔이나 회의장 등에서는 무선 랜, 이동 중일 때는 휴대전화 등 각각의 영역에 따라 서비스를 선택해야 한다. 지역에 따라서는 어떤 서비스도 선택할 수 없는 경우도 있다. 이용자 입장에서 보면, 유선 정보통신망이 연결된 컴퓨터 앞에 앉아 있을 때만 인터넷에 자유롭게 접속할 수 있는 한정된 정보통신 서비스 환경이라고 할 수 있다.

우리는 현재 휴대전화의 보급으로 언제 어디서나 누구와도 통화할 수 있는 유비쿼터스 음성통신 시대를 살아가고 있다. 그러나 음성통화 이외의 정보통신 서비스에 대해서는 공간에 따라 서비스를 이용할 수 없거나, 서비스 영역에 따라 많은 제약이 따른다.

그러나 유비쿼터스 사회에서는 어디서나 다양한 정보통신 인프라에 '끊김 없이(Seamless)' 접속할 수 있다. 따라서 공간적·지리적 제약을 받지 않고, 이용자가 어디에 있더라도 그 자리에서 필요한 정보통신을 이용할 수 있다. 유비쿼터스는 이동 중일 때에도 자동차나 지하철에서 사무실이나 가정에서와 똑같이 정보통신을 이용할 수 있는 환경을 제공한다.

유비쿼터스 환경의 특징은 현재의 네트워크와는 달리 완전히 이용자 중심이라는 점이다. 현재는 이용자가 단말기와 장소에 따라 일일이 필요한 접속 환경을 설정해야 한다. 그러나 유비쿼터스 시대에는 이용자가 처한 상황이나 환경을 네트워크가 지능적으로 파악해서, 그 정보를 기초로 이용자의 네트워크 이용 환경을 최적화해 준다.

우리가 가전제품을 구입한 후 플러그를 꽂기만 하면 바로 사용할 수 있는 것과 같이, 이용자는 단말기를 켜기만 하면 가장 저렴하고 품질 좋은 네트워크가 자동으로 선택되고 원하는 서비스 환경이 설정되는 것이다.

네트워크 간 끊김 없는 통신 환경의 발전과 이용자 정보 식별 기능이 고도화되어 네트워크 측에서 이용자를 인식하는 기능이 향상된다. 따라서 의식하지 않고도 언제 어디서나 맞춤화된 통신 환경에서 활동할 수 있게 된다.

지구상의 모든 것과 통신할 수 있다

　지금까지 정보통신 단말기로 이용할 수 있는 것은 통신이나 방송 기능의 일부 단말기에 한정되어 있다. 통신으로는 전화기나 PC, 방송으로는 TV 등 우리의 생활 환경을 형성하는 기기 중에서 극히 일부만이 정보통신망의 단말기로서 통신 기능을 갖고 있다.

　그러나 유비쿼터스 사회에서는 RFID 태그나 센서, 스마트 칩 등을 이용해 가전제품이나 장비 등에 쉽게 통신 기능을 탑재할 수 있다. 따라서 네트워크에 접속해서 정보를 교환할 수 있는 단말기의 범위

가 크게 확대된다.

다시 말해 PC · PDA · 휴대전화뿐만 아니라 디지털 TV · 정보가전 · 테이블 · 의자 · 조명기구 등의 일용품, 자동차 · 로봇 · 의류 · 장식품 · 간판 등 우리 주변의 사실상 모든 사물이 네트워크에 접속되어 편리한 기능을 제공하게 된다. 특히 통신 기능이 있는 다양한 칩 디바이스가 개발되면서 모든 물건이 간단하게 유비쿼터스 단말기로 사용될 수 있다.

바야흐로 우리 주변의 모든 객체에 컴퓨터 파워가 편재하면서 보다 쾌적하고 안전하고 건강한 제2의 생활 환경을 제공하는 정보통신 르네상스 시대로 접어들 날도 머지않았다.

콘텐츠를 자유롭게 이용할 수 있다

인터넷의 발전으로 전 세계는 문자 그대로 지구촌이 되어, 지식의 유통과 교류가 거리에 상관없이 실시간으로 가능해지고 있다. 그러나 현재의 정보통신 서비스나 콘텐츠는 대부분 공급자 측이 일방적으로 정해 놓은 조건과 프로토콜에 따라 이용할 수 있는 종류나 형태가 한정되어 있는 경우가 많다.

그러나 유비쿼터스 사회에서는 개방적인 사양과 끊김 없는 접속을 보장하기 때문에, 이용자의 기호나 상황에 따라 다양한 형태로 서비스나 콘텐츠를 이용할 수 있게 된다. 모든 정보와 콘텐츠가 디지털화되고, 개인의 능력에 따라 지식을 창출하거나 혁신할 수 있는 여건이 갖추어진다.

이에 따라 전문 서비스 제공자가 제공하는 서비스에서부터 개인이 만들어 내는 일반 시민 차원의 콘텐츠까지 다양한 정보와 지식이 유통될 것이다. 동시에 이러한 콘텐츠를 네트워크에서 자유롭게 활용할 수 있는 환경이 실현된다. 네트워크를 통해 이용자 자신이 공급자가 될 수도 있으므로 서비스나 콘텐츠의 다양성 또한 확대된다.

디지털 콘텐츠의 소유권은 자율적으로 관리된다. 기본적으로 네트워크에서 유통되는 콘텐츠는 누구나 자유롭게 이용할 수 있게 된다. 콘텐츠의 2차 이용, 다시 말해 콘텐츠 작성자가 아닌 다른 네트워크 이용자가 콘텐츠를 이용하는 경우 등을 대비해, 내용을 임의로 바꾸거나 훔치거나 또는 이용자를 가장해 부정하게 액세스하는 등의 잘못된 이용을 방지하는 기능을 부여할 수 있을 것이다.

요즈음에도 사용되고 있는 IC카드 등에 본인을 확인하는 특정 개인 정보가 저장되면 정보기기를 항상 지니고 다닐 필요도 없어진다. 지능형 IC카드가 본인임을 보증하는 인증 도구로 사용될 수 있기 때문이다. 나아가 전자 종이나 3D 가상 단말기 등 지금까지는 없었던 새로운 형태의 단말이 등장하여 이용자가 콘텐츠를 이용할 수 있는 수단이 보다 다양해질 것이다.

안전과 보안을 위한 대책

유비쿼터스 사회에서 이용자들의 최대 관심사는 안심하고 안전하게 생활할 수 있는 환경의 확보다. 지금까지는 전화 네트워크의 재해 대책 혹은 통화량의 폭주 대책, 무선통신의 도청 대책 등이 안심과 안전에 대한 주요 과제였다. 하지만 인터넷이나 모바일의 보급이 확산되고 이용이 보다 고도화되면서 안심과 안전의 문제는 더욱 심각해지고 복잡한 양상을 보이고 있다.

정보통신 내용의 도청이나 변조, 본인을 가장한 부정 액세스 또는 바이러스에 의한 데이터 훼손 등 사이버 범죄의 가능성도 커지고 있다. 따라서 이용자가 안심하고 자유롭게 네트워크를 이용할 수 있는 환경을 정비하는 일이 무엇보다 중요하다.

유비쿼터스 사회에서는 자신의 ID를 어디에서 어느 컴퓨터에 접속해도 자유롭게 이용할 수 있다. 따라서 이런 불안감이나 위험을 제거하지 않으면 안 된다. 이를 위해서는 어디에서든 컴퓨터를 안전하면서도 자유롭게 활용할 수 있도록 하기 위한 인증 기술이 발전해야 한다. 수준 높은 인증 기술과 보안 기술을 활용함으로써 각종 네트워크 위험으로부터 이용자를 안전하게 보호하고, 적절한 인증을 받으면 누구나 안심하고 이용할 수 있는 정보통신 환경을 만들어야 하는 것이다.

지문, 얼굴, 홍채, 음성 등 사람마다 각각 고유하게 가진 신체적인 특징을 말한다. 이 생체 정보를 추출하여 개인을 식별하는 수단으로 활용하는 방안이 활발하게 연구되고 있는데, 특히 출입 보안 시스템 등에 널리 활용되고 있다. 사람의 얼굴을 인식하여 개인을 식별하는 카메라가 개발되는 등 놀라운 기술의 발전이 이루어지고 있다.

유비쿼터스 사회에서는 수많은 현실세계 서비스가 네트워크상에서 이루어지기 때문에, 실시간으로 개인이 식별되면서도 개인 정보의 누출을 방지할 강력한 보안 시스템을 완비해야 한다. 개인 정보가 기록된 IC카드는 변조 방지 기능을 갖추게 되고, 인증에 있어서는 IC카드에 기입된 정보와 개인의 생체 정보를 연계하는 형태로 강화되어 갈 것이다.

7 유비쿼터스 사회의 발전 방향

IT별천지, 대한민국

우리나라는 2000년대 초부터 초고속 인터넷 접속이 급속하게 대중화되면서, 가정에서부터 사회 및 경제 활동에 이르기까지 생활 전반에 컴퓨터가 깊이 침투해 있다.

1980년대 말에 1가구 1전화 시대가 도래했고, 그 여세를 몰아 90년대 말에 1가구 1PC 시대를 맞이했다. 또 1990년대 초 네트워크의 통신대역이 전화선의 1천 배로 늘어났고, 상시 접속으로 광대역을 저렴하게 이용할 수 있게 되었다.

현재 PC 보급률은 80퍼센트에 육박하고, 초고속 인터넷 가입자는 1천 200만 가구에 이른다. 외국 언론들은 한국을 전국 어디에서나

1990년대	인터넷 발전과 확산	PC가 공중통신망을 매개로 네트워크화된 환경.
2000~ 2005년	광대역 IT 단계	어디서나 초고속 인터넷을 간편하게 활용할 수 있는 환경. · PC가 초고속 정보통신망을 기반으로 네트워크화된 단계. · PC뿐만 아니라 휴대전화, PDA 등 각종 정보기기가 초고속 정보통신망을 중심으로 네트워크화된 단계.
2006~ 2010년	유비쿼터스 네트워크 단계	언제 어디서나 광대역 통합망을 간편하게 활용할 수 있는 환경. · 통신, 방송, 인터넷이 융합된 대용량 고품질 서비스를 보편적으로 이용할 수 있는 단계. · 휴대 인터넷, DMB, 텔레매틱스, 유비쿼터스 센서 네트워크 등 신규 정보통신 서비스가 본격적으로 보급되는 단계. · 유비쿼터스 홈 서비스가 보편화되고 각종 정보기기를 통해 일상용품, 기계 장치, 시설물 등에 내장된 스마트 칩 정보를 자유롭게 이용하는 단계.
2011년 이후	u-컴퓨팅 단계	언제 어디서나 지능형 컴퓨팅 서비스를 간편하게 이용할 수 있는 환경. · 사물⇔환경⇔인간의 유기적이고 끊김 없는 만물 정보통신망이 정비되고, 이를 기반으로 지능화된 사물과 기기들이 일상생활을 지원해 주는 단계. · 컴퓨터나 로봇이 인간의 의도나 요구를 이해하고 대화 등을 통해 지식 업무를 상당 부분 처리하는 단계.

초고속 인터넷을 수돗물이나 전기처럼 활용하는 '광대역 별천지(Broadband Wonderland)'라고 보도하고 있다.

현재 3천 700만 명에 이르는 휴대전화 가입자들은 우리나라가 유
비쿼터스 네트워크 사회로 도약하는 기반이 될 것이다. 우리나라는
세계 최초로 상용화에 성공한 디지털 멀티미디어 방송(DMB, Digital

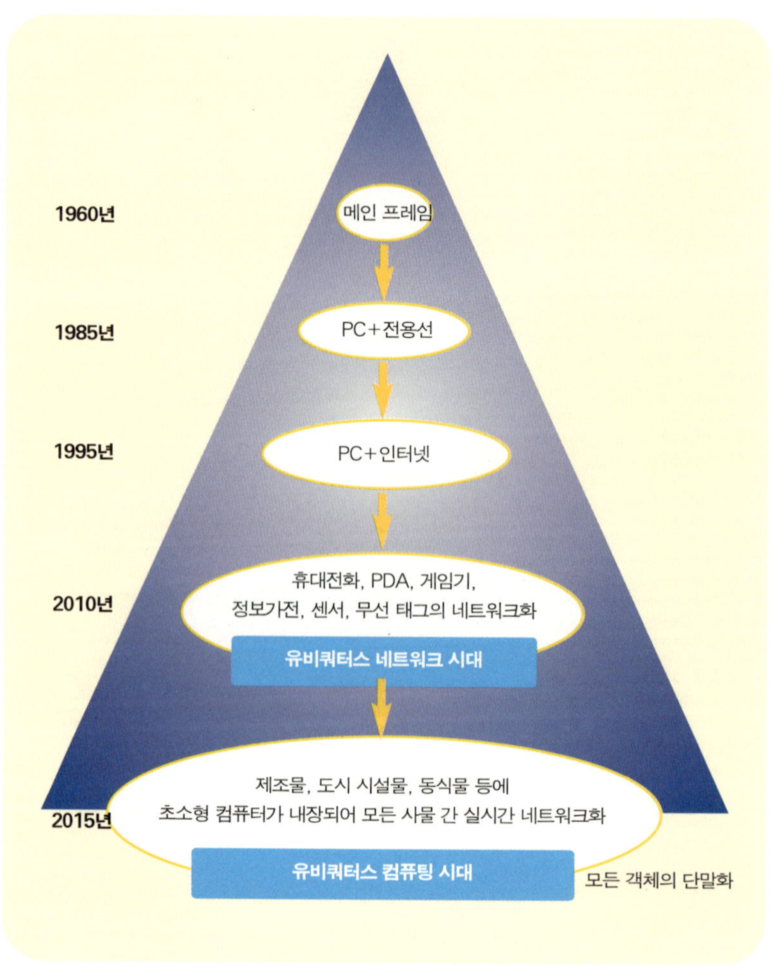

Multimedia Broadcasting)을 통해 '손 안의 TV 시대'를 선도하고 있다. 또한 3세대 이동통신 서비스, 한국형 휴대 인터넷 서비스인 와이브로와 텔레매틱스 등 모바일 환경에서도 초고속 인터넷 서비스가 가능한 기술들이 상용화되면서 유비쿼터스 네트워크 사회로 성큼 다가설 전망이다.

정부는 휴대 인터넷 시대의 개막을 시작으로, 2010년까지 세계 최초로 컴퓨터·통신·방송 등 모든 정보통신 기기와 서비스가 하나의 네트워크로 연결되는 광대역 통합망을 구축하여, 언제 어디서나 어떤 단말기로도 고품질 멀티미디어 서비스를 마치 수돗물이나 전기처럼 손쉽고 저렴하게 이용할 수 있는 환경을 완성하기 위한 정책을 추진하고 있다.

유비쿼터스 사회의 바람직한 모습은?

최근 몇 년 사이, 많은 사람들이 다양한 시각에서 나름대로 유비쿼터스 시대의 도래를 주장하며 그 청사진을 그려내고 있다. 바야흐로 장밋빛 유비쿼터스 기술의 대향연이 상상 속에서 먼저 펼쳐지고 있는 것이다.

그렇다면 유비쿼터스의 실체는 과연 어떤 모습일까? 몹시 궁금한 문제지만, 아직은 손에 잡힐 듯 말 듯하고, 눈에 보일 듯 말 듯하다는 것이 솔직한 표현일 것이다.

갑자기 쏟아진 소나기가 거짓말처럼 그치고 햇빛이 비칠 때 하늘을 올려다보면 일곱 빛깔 정겨운 무지개가 걸려 있다. 어린 시절에는 팔을 쭉 뻗으면 손에 닿을 듯 가까이 걸려 있는 무지개를 잡으려고 동산 위로 달음박질쳐 올라간 경겨운 추억도 있다. 하지만 무지개는 어느새 저만치 물러나 있곤 했다. 무지개는 정말 아름답고 환상적이다. 비록 잡을 수는 없지만 그 존재는 아무도 부인하지 못한다.

21세기 유비쿼터스 세상은 무지개처럼 아름답고 환상적이다. 하지만 무지개와는 달리 결코 잡을 수 없는 허황된 꿈은 아니다. 인터넷이 전 세계의 PC를 하나로 묶었듯이, 인터넷 세상의 뒤를 잇는 유비쿼터스 세상은 세상의 사물을 하나로 묶을 것이다. 실험실에서의 연구 수준에 머물러 있던 유비쿼터스 기술은 이제 생활 환경이나 산업 현장, 그리고 도시 시설물 등에 빠르게 스며들 준비를 갖추어 가고 있다.

분명한 것은, 유비쿼터스는 보다 쉽고 편안하게 사용할 수 있는 이용자 중심의 21세기 IT환경이고, 우리는 그 환경을 만드는 주체가 되어야 한다는 점이다. 우리 생활 주변의 모든 사물과 공간에 무수한 컴퓨터가 스며드는 신세계를 우리는 구경만 하고 있을 것인가? 다양한 정보기기로 언제 어디서든 접속할 수 있는 네트워크가 공기처럼 우리를 둘러싸는 상황을 마냥 기다리고만 있을 것인가?

지난 10년간 우리나라는 초고속 정보통신망을 구축하고 국가 사회의 정보화를 강력하게 추진하여 정보통신 일등국가의 반열에 우뚝 올라섰다. 그리고 이제 국가 사회의 유비쿼터스 정보화를 통해 우리 삶을 한 단계 끌어올리는 '유비쿼터스 국가' 만들기에 힘차게 매진할 때다.

잠시 눈을 가까운 미래로 돌려 보자. 세계 최초로 유비쿼터스 국

가 만들기에 성공한 우리의 미래 사회 모습을 상상해 보자.

들판에 지천으로 피어 있는 들꽃처럼, 컴퓨터는 우리의 생활을 평온하게 하는 생활 환경의 일부가 되어 있다. 아파트의 문·커튼·컵·화분 등의 일상 용품이나 도로·다리·가로등 등의 도시 시설물, 그리고 의복·안경·신발·시계 등에도 다양한 기능을 가진 컴퓨터가 조용히 자리잡고 있다. 유비쿼터스 세상에서 컴퓨터와 네트워크의 질서는 수많은 꽃이 피고 지고 열매가 맺는 대자연의 섭리와도 같다. 담장을 가득 뒤덮은 덩굴장미의 모습에서 우리는 편안한 휴식의 한순간을 느낀다. 유비쿼터스 컴퓨팅의 존재도 그렇게 자연스러워야 한다.

유비쿼터스 시대는 이들 사물과 환경에 숨어 있는 수많은 컴퓨터가 이용자의 필요에 따라 함께 모여 자유롭게 대화하기도 하고, 각자의 자리로 흩어지기도 한다. 이들이 서로 만나고 흩어지는 모습은 하늘에 두둥실 떠 있는 구름과도 같다. 구름은 수많은 물 알갱이가 서로 뒤엉켜 순간순간 다양한 모습을 보여 준다. 물 알갱이들은 서로 모여서 구름이 되고 그 구름들은 자유롭게 하늘을 떠다니며 어디에든 존재하다가, 또 다른 구름을 만나 큰 구름이 된다.

유비쿼터스 시대의 네트워크는 주변의 상황 정보를 모아 그 자리에서 네트워크를 만들고, 그 네트워크들은 또 다른 상황 정보를 가진 네트워크를 만나 상위 네트워크를 형성하여, 우리의 생활에 필요한 다양한 정보를 제공하고 우리로 하여금 적절한 행동을 하도록 도와준다. 구름은 바람이 불면 날리고 산이 있으면 돌아 간다. 네트워크도 우리를 동여매거나 귀찮게 하지 않고 고요하게 우리를 에워싸고 있을 뿐이다.

물론 구름은 이른 봄에 만물을 소생시키는 단비를 내리기도 하지만, 때로는 천둥과 번개를 동반해 홍수를 몰고 오기도 한다. 유비쿼터스 사회도 언제나 대지를 적시는 단비의 형태로만 유지될 수는 없을 것이다. 사이버 테러의 공격을 받거나 재난으로 네트워크가 단절되어 사회 시스템이 마비되는 홍수의 상황이 될 수도 있다. 하지만 우리가 지혜를 동원한다면 그러한 문제는 충분히 해결할 수 있을 것이다.

II

유비쿼터스 세계일주

진짜 같은 인터넷 세상, 쿨타운

　휴렛패커드(HP)의 '쿨타운(CoolTown)'은 HP연구소 내의 인터넷 및 이동 시스템 연구 프로젝트 중 하나로, 1994년 HP 팰러앨토 연구소에 의해 시작되었다.

　쿨타운은 일상생활의 모든 사물과 환경이 네트워크로 연결되면 우리의 삶이 어떻게 변하는지 보여 주기 위한 실험 장소라고 할 수 있다.

　쿨타운의 가장 핵심적인 개념은 현실의 사람, 사물, 공간이 동시에 웹상에도 존재하는 '진짜 같은 인터넷 세상'을 만드는 데 있다. 즉, 쿨타운은 현실세계와 웹상의 세계를 연결하고 RFID나 무선 인터넷을 통해 정보를 주고받음으로써 삶을 더욱 풍요롭고 편리하게 한다는 비전을 제시한다. 이것은 IT를 인간의 생활에 보다 가깝게 연결시키려는 HP식의 유비쿼터스 구상을 보여 주는 것이다.

쿨타운은 미국 뉴저지 주와 메릴랜드 주, 캐나다 토론토, 스위스 제네바, 영국 런던, 싱가포르 등에 설치돼 있으며, 유비쿼터스 비전의 상용화를 위한 아이디어와 기술을 공유하는 것이 그 목적이다. (쿨타운 프로젝트에 대한 더 자세한 정보는 www.hpl.hp.com/archive/cooltown/를 참조하기 바란다.)

쿨타운 미술관

쿨타운 미술관의 전시물에는 전시물 자체의 식별 정보(ID 또는 URL)를 내보내는 발신 장치인 비컨(Beacon)이 붙여져 있다. 비컨은 사물의 식별 정보를 무선 혹은 적외선 신호로 내보낸다.

관람자는 전시물에 붙어 있는 비컨이 만들어 내는 전시물 고유의 접속 정보를 받을 수 있는 PDA를 사용한다. 자신이 갖고 있는 PDA의 웹브라우저를 이용해 전시물의 비컨이 보내 온 URL로 접속해 전

컴퓨터, 인터넷·인트라넷 솔루션, 서비스, 통신 제품 및 측정 솔루션 등 여러 첨단 정보사업 분야에서 제품의 탁월한 성능과 지원으로 세계적인 명성을 얻고 있는 초우량 글로벌 기업이다. 1939년 빌 휴렛(Bill Hewlett)과 데이비드 패커드(David Packard)가 창립했다.

시물에 대한 정보를 읽거나 다른 관련 정보를 이용한다.

이때 받은 URL을 북마크로 저장해 두면 쿨타운 미술관의 온라인 서점에서 관련된 책이나 엽서를 구매할 때 활용할 수 있다. 관람자가 PDA를 사용해 쿨타운 서점으로 이동하면 도서, 달력, 엽서 등을 판매하는 진열대를 쉽게 찾을 수 있다. 수신된 URL은 관람자들에게 관련 도서의 서평과 재고 현황, 판매되는 엽서의 색깔이나 특징 등 구매에 도움이 되는 여러 가지 정보를 제공한다.

관람자는 또 전시물을 관람하거나 서점에서 쇼핑할 때 PDA를 통해 필요한 웹페이지의 인쇄를 서점 내에 있는 프린터에 요청할 수 있는데, 쿨타운 미술관을 떠날 때 출구에서 받아 가면 된다.

TIP

URL(Uniform Resource Locator)

인터넷상에 있는 각종 정보들의 위치를 나타내는 일종의 주소다.

북마크(Bookmark)

한 번 접속했던 사이트를 다시 쉽게 찾아갈 수 있도록 웹사이트의 주소를 저장해 두는 기능으로, 대표적인 웹브라우저인 익스플로러(Explorer)에서는 '즐겨찾기'라는 이름으로 이 기능을 제공한다.

쿨타운 회의실

쿨타운 회의실에는 종이가 없다. 컴퓨터만 있을 뿐이다. 발표자도 번거롭게 발표 자료를 인쇄할 필요가 없으며, 참석자도 발표 자료 인쇄물을 미리 받아 챙길 필요가 없다. 그 누구도 발표 자료와 발표 도구들을 잔뜩 챙겨 들고 회의실로 들어갈 필요가 전혀 없는 것이다.

쿨타운 회의실에 들어간 회의 참석자들은 자신의 PDA · 휴대폰 · 컴퓨터 등을 통해 회의 자료를 다운받고, 컴퓨터들을 연결해 자동으로 회의 상황을 만든다. 참석자들의 PDA가 수집한 URL은 인터넷과 연결된 그 회의실의 빔 프로젝터, 프린터, 전자칠판으로 구축된 쿨타운 회의실 웹페이지로 연결하게 된다.

이 방법을 통해 회의 참석자는 휴대폰이나 손목시계를 사용해 웹상의 정보를 참조할 수 있는 URL들을 무선으로 회의실 내의 기기들에 전달해 작동시킨다. 즉, 참석자의 PDA나 비컨들이 발생시키는 URL들은 하나의 공유 웹페이지로 구축되고, 회의실 내의 웹 기기들은 그러한 웹페이지를 투사하거나 인쇄한다.

쿨타운 노인 생활건강

'노인 생활건강'은 쿨타운 프로젝트의 대표적인 프로그램으로 꼽힌다. 전 세계적으로 고령화가 급속하게 진행되고 있는 상황에서, 유비쿼터스 환경의 구축으로 인해 다양한 생활건강 보장이 이루어질 것으로 기대되기 때문이다.

유리존의 하루 | 헬스케어용 손목시계

아침식사를 위해 믹서로 과일주스를 만들던 할머니가 갑자기 쓰러지셨다. 그러자 이럴 경우를 대비해 할머니가 항상 차고 있던 헬스케어(Healthcare) 용 손목시계가 깜빡깜빡거리면서 자동적으로 무선 신호를 보내, 근처 구조대에 응급 상황을 알린다. 응급 신호를 받은 구조대가 할머니의 집으로 긴급 출동한다.

할머니 집에 도착한 구조대는 쓰러져 있는 할머니를 발견하고, 단말기를 통해 할머니의 상태를 확인한다. 이 단말기는 할머니의 시계에서 평소에 할머니가 어떤 병을 앓고 있었는지, 어떤 약을 복용해 왔는지에 대한 정보를 다운로드받는다. 구조대는 이러한 정보를 바탕으로 신속한 응급 처치를 취한다. 오래지 않아 할머니는 정신을 차리고 깨어난다.

쿨타운은 어떻게 가능한가요?

쿨타운은 웹 네트워크 컴퓨팅 기반의 디지털 가전, 프린터, 무선 기기, 자동차 등의 장치 속에 웹 기술을 적용해 이동 사용자(Nomadic User)를 위한 새로운 웹 인프라를 구현했다.

기술적으로 볼 때 쿨타운의 구현은 무선 네트워킹을 기반으로 한다. 물론 이용자들은 자신을 둘러싼 사물 및 환경 등과 네트워킹되어 있다는 사실을 알지 못한다. 즉, 자동적으로 사람-사물 간 통신이 구현되도록 하는 것이다.

이를 위해 쿨타운 내의 모든 통신 단말과 컴퓨터 등 주변의 모든 사물과 장소에 비컨과 태그 등을 내장시켜, 자동으로 접속 정보인 고유 ID 또는 URL을 발신하도록 하였다. 이용자들은 본인의 통신 단말을 이용하여 해당 접속 정보를 받아들이고, 자신이 원하는 웹상의 가상 공간에 링크되어 원하는 정보와 서비스를 제공받게 되는 것이다.

전 세계의 사물을 연결하는 오토-ID

'오토-ID(Auto-ID)' 프로젝트는 인간과 컴퓨터의 조화를 통해 제품을 제조·판매·구입하는 모든 공급 체인에 대변혁을 이룬다는 비전을 제시했다.

오토-ID 센터는 1999년 10월 월마트(Wal-Mart)·질레트(Gillette) 등의 후원으로 설립되었으며, 미국 매사추세츠 공과대학(MIT)을 중심으로 영국 케임브리지 대학, 호주 아델레이드 대학, 일본 게이오 대학, 중국 푸단 대학, 스위스의 세인트갤런 대학(USG)과 연방 공과대학(ETH), 한국의 정보통신 대학(ICU) 등이 연구 개발에 참여하고 있다.

콜라 공장에서 콜라가 생산되어 소비자에게 판매되고 소비될 때

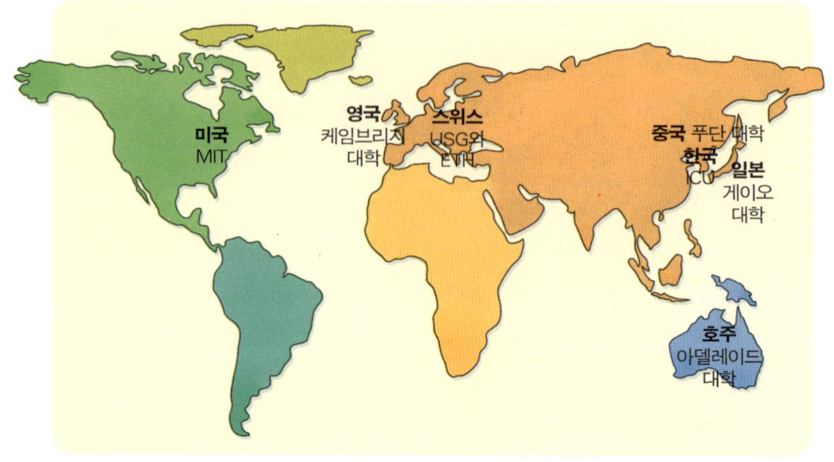

까지의 제조·판매·구입 전 과정에 오토-ID가 적용될 경우의 시나리오를 살펴봄으로써, 오토-ID가 구현하고자 하는 것이 무엇인지 이해해 보자. (오토-ID 프로젝트에 대한 더 자세한 정보는 www.autoidlabs.org를 참조하기 바란다.)

RFID 태그의 가격

현재 개당 500~1,000원 수준이지만, 기술 발전과 더불어 급격히 하락하고 있다. 개당 10원 수준에 이르면 기존의 바코드를 대체할 수 있을 것으로 기대된다.

RFID 태그 부착
1 BOX
RFID 태그 부착
태그활동 시작
콜라 100 BOX 도착!
10 BOX는 A 슈퍼로
50 BOX는 B 슈퍼로
40 BOX는 C 슈퍼로
TAG READER
A 슈퍼
콜라도착!
좌측 2열에
콜라 10 BOX
배치!
재고 점검
필요할 땐
자동으로
주문도 해요.
따로 계산은
필요없어요~
A 슈퍼
콜라가 없으면
구매 리스트에
올립니다.

① 콜라 캔을 생산할 때 RFID 태그를 부착한다. 모래 알갱이보다 작은 이 태그의 가격은 5센트 정도이며, 고유의 EPC가 부여된다. 또한 태그에 부착된 안테나는 콜라 보관창고에 있는 태그 리더에 해당 콜라의 모든 고유 정보를 전달한다.

② 콜라가 박스로 포장되어 실려 나간다. 이때 콜라 박스에도 RFID 태그를 부착한다.

③ 콜라 박스를 실은 트럭이 공장 문을 나서면서 태그의 활동이 시작된다.

④ 태그 리더가 각 태그의 고유 코드인 EPC를 읽는다.

⑤ 태그 리더는 읽어 들인 EPC를 서번트(Savant) 컴퓨터에 저장한다.

⑥ 트럭이 도착하면, 창고의 태그 리더가 자동으로 어떤 물건이 도착했는지 인식하고, 어느 상점으로 얼마나 배달되어야 하는지 정보를 제공한다.

TIP   **U B I Q U I T O U S**

EPC(Electronic Product Code)

차세대 바코드로서, 각 제품 고유의 일련번호를 부여하는 새로운 제품번호를 말한다.

태그 리더(Tag Reader)

태그의 정보를 읽어 들이는 기기로서, 단순하게 태그 정보를 읽는 기능에서 PDA 등 휴대 단말기의 형태로 진화하고 있다.

여기서 잠깐!

오토-ID는 어떻게 가능한가요?

유비쿼터스 IT의 기본 기능은 '상황 인식(Context Awareness)' 및 '위치 인식(Location Awareness)'을 가능하게 하는 다양한 종류의 내장형 센서들과 인식 시스템에 의한 유비쿼터스 지능형 컴퓨팅과 통신 기능이다. 이를 가능하게 하는 기본 프레임 워크가 바로 유비쿼터스 오토-ID이다.

오토-ID란 멀리 떨어진 곳에서 컴퓨터나 사람의 상황을 감시하거나 어떤 작업을 하도록 조정할 때, 사람의 별다른 개입 없이 인식 및 상호 작용하는 자동화 시스템이다. 오토-ID 시스템의 목적은 적합한 기기나 장치에 데이터를 운반하고, 특정 응용을 만족하기 위해 기계가 읽을 수 있는 방법으로 적절한 시간 및 장소에서 데이터를 회수하는 것이다. 데이터는 제조 · 운송 중인 상품, 위치, 차량, 동물 또는 개인의 특성에 관한 인식을 제공한다.

오토-ID와 관련된 기술 연구로는 IPv6와 이동 네트워크, 실공간 사이의 인터넷 연구, 조립형 컴퓨터 기술 연구, 무선 태그와 기존 바코드에 대한 연구, 차세대 유통 시스템 등에 대한 연구가 추진되고 있다.

⑦ 상점에 도착하면 상점 출입문에 부착된 태그 리더가 콜라에 대한 정보를 읽어 들여 원하는 위치에 진열하도록 한다. 사람이 일일이 재고를 관리할 필요가 없다.

⑧ 선반에 진열된 콜라가 어느 정도 팔리면 선반에 부착되어 있는 태그 리더가 자동으로 재고 상태를 고려하여, 콜라 공장에 주문을 한다. 그래서 항상 적정량의 재고가 유지되도록 한다.

⑨ 선반에 진열된 콜라를 집어든 고객은 별도의 계산 과정 없이 집으로 돌아간다. 콜라에 붙여진 태그에 의해 콜라 값이 이미 계산되었기 때문이다.

⑩ 가정의 냉장고에 부착된 태그 리더가 냉장고 안의 콜라 재고를 관리하고, 자동으로 구매 목록에 콜라가 없음을 등록한다.

⑪ 재활용 센터도 RFID 태그의 정보에 따라 재활용할 빈 캔을 자동으로 분류할 수 있다.

3

산소같이 편안한 컴퓨팅 환경을 만드는 옥시전

미국 MIT의 '옥시전(Oxygen)' 프로젝트는, 컴퓨팅 환경을 집 안에 있는 전기 소켓이나 우리가 숨쉬는 공기 중의 산소(Oxygen)처럼 어디에서나 자유롭게 이용할 수 있도록 하는 다양한 인터페이스를 연구한다.

옥시전 프로젝트는 기본적으로 타이핑이나 클릭 또는 새로운 컴퓨터 용어를 배우지 않고도, 의도를 나타내는 말이나 행동 등을 하면 컴퓨터가 자연스럽게 요구된 내용을 처리하는 상태를 목표로 한다. 즉, 컴퓨터 중심이 아니라 인간 중심의 컴퓨팅 환경이 옥시전 프로젝트가 구현하고자 하는 유비쿼터스 세계다.

이러한 새로운 컴퓨팅 환경은 업무의 생산성을 증대시키고 사람들이 필요로 하는 정보를 대신 찾아 줄 것이며, 동시에 시간과 공간을 초월하여 다른 사람과 함께 협업할 수 있는 환경을 제공하게 될 것이다.

옥시전 프로젝트의 다양한 세부 실험을 살펴봄으로써 옥시전 프로젝트가 구현하고자 하는 유비쿼터스 세상에 대해 이해해 보자. (옥시전 프로젝트에 대한 더 자세한 정보는 www.oxygen.lcs.mit. edu/를 참조하기 바란다.)

인간과 컴퓨터 간의 대화

옥시전 프로젝트에서는 인간과 컴퓨터 간의 대화가 가능한 환경을 연구하고 있다. 이러한 환경이 조성되면 인간은 키보드나 마우스를 조작해 입력할 필요 없이 음성으로 컴퓨터에게 명령하고, 컴퓨터는 이에 대한 답을 모니터 출력과 함께 음성으로도 제공한다.

사람이 "컴퓨터, 지금부터 질문을 시작하겠다"라고 하면, 컴퓨터는 모니터에 자동으로 질문 창을 띄운다. 사람이 "폴란드에 대해 알려 줘"라고 하면, 컴퓨터는 질문 창에 알아서 질문 내용을 쓰고 검색을 실행한 후 그 결과를 모니터에 띄우고 읽어 준다.

회의 중에도 컴퓨터와 대화할 수 있다. 회의를 주재하는 사람이 "컴퓨터, 회의를 시작하겠다. 회의 자료를 보여 줘"라고 하면, 컴퓨터는 바로 모니터에 출력을 하기 시작한다. 또 어제 회의에 참석하지 않은 어떤 참석자가 회의 주재자에게 어제 회의 결과를 설명해 달라고 하면, 주재자는 "컴퓨터, 어제 회의 화면을 보여 줘"라고 하고, 컴퓨터는 어제의 회의 장면을 모니터에 띄운다.

두 가지 외국어로 동시에 대화

또한 이 프로젝트에서는 한 번에 두 가지 이상의 외국어를 지원할
수 있는 번역기를 통해, 외국어를 특별히 익히지 않아도 외국인과
원활하게 의사소통할 수 있도록 하는 기능을 연구하고 있다.

일본인과 미국인이 우리나라 기상청에 전화를 건다. 먼저 미국인
이 "Tell me Boston's weather!"라고 말한다. 그러나 기상청 안내원
에게는 "보스턴 날씨를 알려 주세요"라고 들린다. 마찬가지로 안내
원이 우리말로 보스턴 날씨를 안내하면, 그 미국인에게는 영어로 번
역되어 들리게 된다.

이번에는 일본인이 전화기를 넘겨받아 일어로 교토의 날씨를 묻
는다. 안내원은 역시 우리말로 교토의 날씨를 안내하지만, 일본인에
게는 일어로 번역되어 들린다.

그림의 의미를 그대로, 실시간 시뮬레이션

칠판 자체가 이용자의 인터페이스 역할을 수행할 수 있도록 하여, 이용자가 칠판에 작성하는 내용을 컴퓨터가 바로 인식하여 모델링해서 보여 주는 기능도 연구되고 있다.

한 교수가 받침대를 그리고 그 위에 수레 모양을 그린 후 아래로

옥시전은 어떻게 가능한가요?

옥시전 시스템의 장치, 네트워크, 소프트웨어 기술은 가정이나 사무실 또는 다른 어떤 장소에서든 컴퓨팅 환경을 이용할 수 있도록 함으로써 우리의 활동범위를 확대시킨다. 그러기 위해 다음의 네 가지 장치의 연구를 주제로 하고 있다.

- **E21s(Embedded Devices)** 가정 · 사무실 · 자동차 등에서 우리의 삶에 영향을 미친다. 손바닥 절반 정도의 크기로 무선 주파수 통신, 저전력의 특성을 갖는다.

- **H21s(Handheld Devices)** PDA의 음성 인식 · 합성 기능으로, 우리가 어디에서든 의사소통하고 컴퓨터 작업을 할 수 있게끔 하는 기능을 제공한다.

- **N21s(자동 설정 네트워크)** 이용자가 이용하기를 원하는 사람 · 장치 · 서비스 등에 도달할 수 있도록 지원해 주는 분산 처리 기반 컴퓨팅 시스템이다.

- **O21s(소프트웨어)** 환경이나 이용자 요구의 변화에 적응하는 소프트웨어로, 이용자가 원할 때 원하는 처리를 수행할 수 있도록 도와준다.

내려가는 화살표를 그린다. 그러고 나서 '실행버튼(Run)'을 누르면,
컴퓨터는 그림의 의미를 이해하고 수레가 받침대 아래로 떨어지는
모습을 시뮬레이션으로 보여 준다.

4

이용자의 요구를 예측하는 아우라

카네기멜런 대학의 '아우라(Aura)' 프로젝트는 '이용자가 알지 못하게 어디에나 네트워크로 연결된 컴퓨팅 환경'을 만들기 위해 1999년에 시작되었다.

즉, 언제 어디서나 컴퓨팅이 가능한 환경을 구축해, '착용하거나 들고 다닐 수 있는 무선통신 컴퓨터'를 이용해 이용자가 걷거나 운전하거나 다른 일에 열중하면서도 컴퓨터를 자유롭게 활용할 수 있도록 한다는 것이다. 이용자는 그저 자신이 하고자 하는 일에만 신경 쓰면 된다. 컴퓨터를 어떻게 켜고 끌지, 이메일을 어떻게 보내고 답장은 언제 받아야 할지 등에 대한 고민은 컴퓨터가 대신 해주는 것이다. (아우라 프로젝트에 대한 더 자세한 정보는 www.cs.cmu.edu/~aura/를 참조하기 바란다.)

유티즌의 하루 | 나만의 사이버 비서

아우라는 일종의 사이버 비서(Cyber Agent) 역할을 한다. 이용자의 자료를 알아서 저장하고 출력해 주며 내용을 업데이트해 주는 것이다.

민수가 사무실에 들어간다. 사무실 안의 컴퓨터가 방금 들어온 사람이 민수라는 사실을 확인하면, 아우라는 보안 솔루션을 가동해 '민수'를 근처의 모든 네트워크에 접속시키게 되고, 민수는 몇 마디 말로 명령만 하면 모든 것을 통제할 수 있게 된다.

좀더 자세히 살펴보자. 민수가 사무실에 들어가 '민수'임을 식별해 줄 수 있는 장치를 귀에 꽂으면, 그 즉시 컴퓨터는 민수가 네트워크상에 출현했음을 알게 된다. 컴퓨터는 민수에게 "안녕하세요"라고 인사하고, 민수는 편안히 책상 앞에 앉아 "오늘 나한테 온 이메일 목록 좀 보여 줘"라고 말한다. 그러면 모니터에 이메일 목록이 뜬다.

그 상태에서 컴퓨터는 급한 비디오 메일이 도착해 있음을 모니터 하단에 영상을 띄워 알려 준다. 민수가 "비디오 메일을 먼저 확인하자"고 한다. 그

러자 컴퓨터는 비디오 메일 영상을 모니터에 띄운다. 이 비디오 메일은 민수에게 제품의 디자인을 의뢰한 중국인이 보낸 것인데, 컴퓨터가 실시간으로 번역해 우리말로 들려준다.

메일의 내용은 "하루라도 빨리 내가 주문한 제품의 모형을 봤으면 좋겠다"는 것이다. 민수는 이 내용을 가상의 네트워크로 연결되어 있는 담당 직원에게 알린다. 이 내용을 수신한 직원은 제품의 모형을 바로 민수에게 영상으로 전송한다. 또 제품의 모형을 확인하기 위해 회의를 하기로 하고, 민수에게 회의 장소를 알려 준다.

이 과정에서 민수와 담당 직원 사이에는 물리적인 네트워크나 단말기, 서로 오고 가는 등의 번거로움이 전혀 없다. 두 사람은 서로 가상의 네트워크 상에 연결되어 있기 때문에 서로 원하는 것을 아우라 컴퓨터에게 얘기하면,

컴퓨터가 알아서 서로의 의견을 교환해 주고 각자의 명령을 빈틈없이 수행하는 비서 역할을 한다.

민수는 조금 전 직원에게서 받은 모형 그림을 모니터로 확인하면서, 색과 모양을 좀 바꿔 봐야겠다고 생각한다. 그는 컴퓨터에게 말한다. "바탕색을 빨간색으로 해볼까?" "각도를 좀 바꿔서 볼까?" 그런 과정을 거쳐 모형을 수정한 후, 중국의 의뢰인에게 보내라고 요청한 후, 회의 장소로 향한다.

얼마 후, 민수가 고쳐서 보낸 제품 모형을 확인한 중국인이 메일을 보내왔다. "맘에 든다. 이대로 진행하자"는 내용이다. 이때도 물론 컴퓨터가 실시간으로 번역해 들려준다.

U B I Q U I T O U S

TIP

카네기멜런(Carnegie Mellon) 대학

미국 펜실베이니아 주 피츠버그에 있는, 컴퓨터 분야 세계 최고의 대학이다. 해킹 등 인터넷 보안과 관련한 세계 최고의 민간기구 CERT(www.cert.org)는 바로 이 대학 졸업생들의 연구 결과다. 인터넷 검색엔진 라이코스도 이 대학의 작품이다.

5

컴퓨터가 융단처럼 깔리는 어번 태피스트리

'어번 태피스트리(Urban Tapestries)'는 일명 '도시 융단' 프로젝트다. 이용자가 무선으로 특정 장소에 대한 여러 가지 멀티미디어 정보 콘텐츠(지역의 역사 정보, 개인의 기록, 그림, 음성 등)에 접근하는 동시에, 개인이 각자 자신의 콘텐츠를 새로 기록할 수도 있고 음성이나 다른 이미지 등으로 업로드할 수 있게 하는 것이다.

이를 통해 개인이 도시 공간에서 지리 정보에 쉽게 접근할 수 있는 동시에, 개인의 경험을 기록하고 이를 다른 사람과 실시간으로 공유할 수 있게 함으로써, 지역 사회를 기반으로 한 사회적 지식을 서로 교류할 수 있는, 장소에 기반한 무선 어플리케이션을 만드는 것이다.

이것은 영국에 있는 한 비영리 재단의 실험적인 프로젝트로, 2002

년 7월 개념 설명을 위한 영상 시나리오가 완성되면서 시작되었다. 영국 무역산업부(DTI)의 '차세대 기술과 시장 프로그램'의 일부로, HP연구소의 '도시와 빌딩 연구개발 센터(City & Building Research Center)'에서 개발되고 있다. 이 프로젝트에는 런던 정경 대학이 사회과학 연구를, 오렌지(Orange) 사가 통신 네트워크를, 〈파이낸셜 타임스〉가 언론 지원 역할을 하며 참여하고 있다. (어번 태피스트리 프로젝트에 대한 더 자세한 정보는 www.urbantapestries.net을 참조하기 바란다).

어번 태피스트리를 한마디로 정의하자면, 도시 안에서 살아가는 사람들이 각 지형지물에 대한 설명이나 개인의 이야기를 자유자재로 올리고, 이를 통해 문서에 주석을 달 듯 도시라는 지형 공간에 가상 설명(Virtual Annotation)을 달 수 있으며, 이러한 정보를 타인이 이동통신 단말기를 통해 소비할 수 있는 프레임 워크를 만들어 낸다는 개념이다. 어번 태피스트리 웹사이트에서 밝히고 있는 프로젝트 목적은 다음과 같다.

어번 태피스트리가 지향하는 것은 도시의 구성원들이 정보의 이용자로서만 살아가는 것이 아니라 직접 정보를 생산하는 생산자가 되도록 하는 것이다. 사실 우리가 살아가면서 경험하는 거의 모든 것은 특정한 장소와 결부되어 있는 경우가 많다. 이를 역으로 이야기하면, 도시의 어떤 한 장소에는 수많은 사람들의 인생이 연관되어 있다고 할 수 있는 것이다. 특히 도시의 역사가 깊어질수록 어떤 장소에 얽힌 이야기들이 많아진다.

어떤 시인이 바로 이 자리에서 사랑을 고백했다든지, 어떤 음악

가가 바로 이 카페에서 커피를 마시면서 영감을 얻었다든지, 또는
비록 유명한 사람은 아니더라도 자기 할아버지가 할머니에게 청혼
한 자리가 바로 여기라든지…….

어번 태피스트리는 이러한 도시의 이야깃거리를 만들어 나가고,
다른 이들의 이야깃거리를 발견할 수 있도록 해준다.

유티존의 하루 | 다리를 다친 현준의 외출

얼마 전에 다리를 다쳐 목발을 짚고 다니는 현준은 생활하기에도 불편하고
좋아하는 운동도 할 수 없어 기분이 몹시 우울하다. 그래서 오랜만에 시내
카페에서 친구들을 만나 함께 저녁을 먹기로 했다.

시내로 가기 위해 지하철을 탄 현준은 지하철역을 빠져나오다가 약간 당
황했다. 지하철역 앞길은 목발을 짚고 다니는 현준이 제대로 걷기 어려울
정도로 울퉁불퉁했기 때문이다. 현준은 좀더 편안하게 카페까지 갈 수 있는
길은 없는지 어번 태피스트리를 이용해 알아보기로 했다.

접속해 보니 지하철역 앞길이 너무 울퉁불퉁하다고 생각하는 사람이 현
준뿐만은 아닌 모양이었다. 여러 사람이 "지하철역 앞길은 너무 울퉁불퉁하
니 다른 길로 돌아가는 것이 좋다"는 의견을 올려 놓았다. 그 중에는 공원길
을 통해 카페로 가는 지도를 올려 놓은 사람도 있었다. 현준은 그 길로는 처
음 가보는 것이었지만, 지도가 상세하고 길 상태가 아주 좋아서 편안하게
카페까지 갈 수 있었다.

친구들과 재미있는 시간을 보낸 후 집으로 가는 길에 현준은, 아까 그 공
원에 대해 좀더 알아보려고 다시 어번 태피스트리에 접속했다.

그래!
저녁 6시에
그 까페에서!
헉
헉…
SUBWAY
…
공사중
죄송합니다!
Urban Tapestries
Urban tapestrie
끙…
…
그 길은 너무 울퉁불퉁하니
다른 길로 돌아가는 것이 좋아요.
지도 클릭
…
맞아요. 그 길 말고 다른 길도
있어요.
지도 클릭
…
근처에 맛
한식 잘하는 곳
오…
이런 좋은
정보가!
맑은 공기를 마시며
공원길을 산책하듯 걷다 보니
어느새 목적지에
도착했다.
덕분에 친구들과도 즐거운 저녁식사를 할 수 있었다.
Thanks! Urban Tapestries!

6

2030년의 유럽, 미래를 위한 위대한 도전

　'위대한 도전(Grand Challenges)'은 유럽의 미래 사회를 위한 장기 기술개발 계획으로, 유럽연합(EU)에서 추진하고 대부분의 유럽 국가가 참여하고 있는 대형 프로젝트다.

　유럽에서는 현재 프레임 워크 프로그램(Framework Programme) FP6(2002~2006)을 추진하고 있으며, 2006년부터 FP7(2007~2013)을 추진할 예정이다. '위대한 도전' 프로젝트는 FP7을 통해 개발하려고 하는 11개의 기술 또는 제품이라고 할 수 있다. FP6에서 FP7로 이어지는 유럽의 연구개발 체계는 '연구개발 5개년 계획' 정도로 이해할 수 있다. (위대한 도전 프로젝트에 대한 더 자세한 정보는 www.cordis. lu/ist/istag.htm을 참조하기 바란다.)

1) 100% 안전한 차
(100% Safe Car)

교통사고는 인간의 삶을 송두리째 앗아갈 수도 있으며, 경제·사회적으로도 막대한 비용을 초래한다. 따라서 정보통신 기술을 이용해 교통사고로부터 100% 안전한 삶을 보장할 수 있는 프로젝트를 추구한다.

2) 외국어 대화 도우미
(The Multilingual Companion)

EU는 현재 가입국이 25개국에 이르지만 나라 간 언어가 달라 고민하고 있다. 때문에 FP7에서는 강력한 '외국어 대화 도우미' 구축을 통해 각 나라 국민 간의 언어장벽을 허물고자, 가상의 공간에서 자동으로 타국어로 된 정보에 접속하거나 타국어와 자국어 간 의사소통이 가능하도록 하는 프로젝트를 추진하고 있다.

3) 서비스 로봇
(The Service Robot Companion)

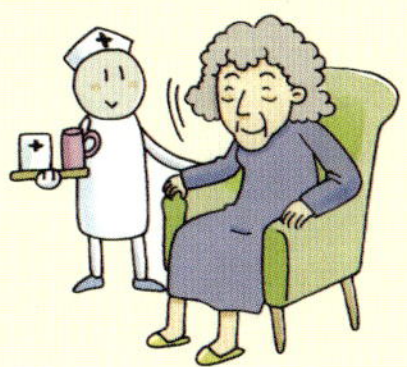

유럽 사회가 점차 고령화되어 감에 따라, 노후 생활을 위한 비용 문제가 심각한 사회 문제로 부상할 것이다. 이에 대비해 FP7에서는 노인들의 건강을 돌보고, 보다 편안하게 생활을 영위할 수 있도록 도와주는 개념의 서비스 로봇 개발에 착수할 계획이다.

4) 지능형 컴퓨터
(The Safe-Repairing and Self-Monitoring Computer)

오늘날의 복잡한 IT시스템에서 자주 나타나는 시스템 실패는 엄청난 비용 손실을 초래한다. FP7에서는 매우 향상된 신뢰성의 '자가 모니터링과 자가 치료가 가능한 컴퓨팅 시스템(self-monitoring and self-repairing computing systems)'을 개발하고자 한다.

5) 인터넷 경찰
(The Internet Police Agent)

인터넷의 혜택을 있는 그대로 체험하기 위해서는
네트워크에 지속적으로 투자해야 함은 물론이고,
수많은 인터넷 범죄(스팸메일, 바이러스, 해킹, 웜
등)로부터도 보호해야 한다. FP7에서는 인터넷
환경에서의 안전한 이용을 위해 인터넷 경찰을
개발하고자 한다.

6) 치료용 시뮬레이션
**(The Disease and Treatment
Simulator)**

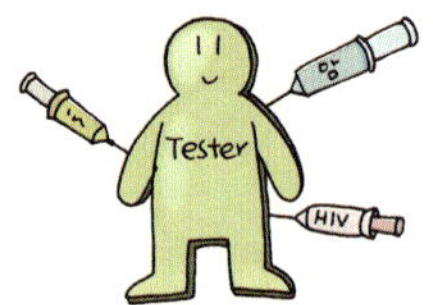

구체적인 질병의 순환을 시뮬레이션해 볼 수 있는
시스템을 개발하고자 한다. 이 시뮬레이터는
임상실험을 대체할 수 있고 심장병이나 암과 같은
질병의 치료 방법을 연구하는 데 획기적인 역할을
할 것으로 기대되고 있다.

7) 기억 도우미
**(The Augmented Personal
Memory)**

정보통신 혁명은 가상으로 본 모든 이미지, 필름,
텔레비전 프로그램, 모든 일상대화 등을 저장할 수
있도록 해준다. FP7에서는 개개인 스스로가 방대한
양의 갖가지 정보를 저장, 유지, 가공할 수 있도록
해주는 '개인화된 디지털 생활 다이어리 및 기억력
증강을 위한 보조자(the form of a personalized digital
life diary and augmented memory assistant)'를
개발하고자 한다.

8) 통신 재킷
**(The Pervasive
Communication
Jacket)**

이제 집, 사무실, 공공장소 등에 있는 모든 물품을
무선통신 기술을 통해 가지고 다닐 수 있는 시대가 올
것이다. FP7에서는 이를 위한 '통신 재킷'을 만들
계획을 세우고 있다.

9) 모바일 영사기
(The Personal Everywhere Visualizer)

'시각화'는 정보혁명을 촉진할 수 있는 열쇠다. FP7에서는 언제 어디서나 편리하게 이용할 수 있는 개인화된 '모바일 시각화 시스템(mobile visualization system)'을 개발할 계획이다.

10) 초경량 비행선
(The Ultra-light Aerial Transport Agent)

FP7에서는 소규모의 물건을 실어 나르고 범죄를 감시하거나 실종자를 수색하고 구출하는 데 이용할 수 있는 무인기를 개발할 계획이다.

11) 지능형 상점
(The Intelligent Retail Store)

소매자와 구매자의 편익을 높이기 위해 RFID 기반 통합 시스템이 구축된 지능형 상점을 구축하고자 한다.

7

일본의 U-컴퓨팅 프로젝트, 트론

일본에서 유비쿼터스 컴퓨팅 연구의 근간이 된 '트론(TRON, The Realtime Operating system Nucleus)' 프로젝트는 1984년 도쿄 대학 사카무라 겐 교수에 의해 시작되었다. 현재 도쿄대학 정보학과 교수이자 일본 유비쿼터스 컴퓨팅 분야의 핵심 브레인인 겐 교수는 미래 사회에는 우리 생활 주변의 환경을 구성하는 모든 도구, 기구, 장비, 물건들이 컴퓨터화될 것으로 예견했다.

트론 프로젝트는 크게 두 부분으로 나뉘어 진행되었는데, 하나는 기기에 내장하여 사용하는 내장 컴퓨터의 기본 기술을 개발하는 시스템 프로젝트이고, 다른 하나는 내장 컴퓨터의 미래 응용 분야를 연구하는 응용 프로젝트이다.

트론 프로젝트의 궁극적인 목표는, 모든 컴퓨터가 안전하고 편리하며 잘 작동하고 인간의 생산성을 향상시켜 주는 광범위한 기능을 수행할 수 있도록 서로 연결된, 편리한 생활·작업 공간을 개발하는 것이다. 이러한 형태의 네트워크에서 기능(Functionality)은 인간에 의해 프로그래밍될 수도 있고, 컴퓨터들의 상호 동작을 통해 동적으로 생성될 수도 있다. 특정 기능을 제공할 자원이 부족한 경우에는 외부에 컴퓨팅 자원을 요청할 수도 있다. (트론 프로젝트에 대한 더 자세한 정보는 www.tron.org를 참조하기 바란다.)

트론 지능형 주택

트론 개념을 적용한 지능형 주택은 홈 오토메이션으로 미래 연구를 위해 사용된 실험용 집이다. 이 실험주택은 민간기업 160개 사가 참여하여 제작한 실험 프로젝트로, 1988년에 시작되어 1989년 12월 도쿄에 세워졌다. 약 100억 원의 건축비가 투입되었고, 넓이는 330 평방미터로 부채꼴 모양이며, 천장·벽 등 주택을 구성하는 모든 요소와 설비에 컴퓨터가 이식되었다. 그리고 3년에 걸쳐 11개 그룹의 55명이 시험 거주를 통해 여러 가지 실험을 실시했다. 그들은 각종 데이터의 수집·협동·타협에 대한 연구를 수행했으며, 집은 실험 후에 철거되었다.

지능형 주택의 창문 대부분은 컴퓨터로 제어되어 자동적으로 개폐되도록 설계되었다. 지금까지의 주택에서는 경보·조명·공기조절 시스템 등이 각각 독립적으로 작동하지만, 지능형 주택은 더우면 자동적으로 창문이 닫히고 냉방 시스템이 가동된다. 또 외부에 상쾌

한 바람이 불면 자연 공기조절 기능이 가동해 바람이 유입되고, 외부의 기후 조건이 나빠지면 저절로 창문이 닫힌다. 공기조절 시스템이 이러한 판단을 하고 각각의 컴퓨터 시스템들 간에 자동적으로 협동 작업이 이루어지도록 되어 있는 것이다.

주택 전체에 걸쳐 주요 서브 시스템에 약 400개, 미세한 것까지 포함하면 약 1천 개의 컴퓨터가 이식되었다. 당시에는 컴퓨터 성능이 낮아 워크스테이션 급의 컴퓨터를 사용했고, 네트워크 기술도 미숙해서 옥상에 대량의 통신 케이블이 설치되었다.

도요타 드림홈, 파피

도요타의 주택 드림홈(Dream Home)은 '풍요로움은 2배로, 에너지 소비는 2분의 1로'라는 모토의 실현을 목표로 하고 있다. 유비쿼터스 네트워크의 선구자이자 건축가이기도 한 사카무라 겐의 설계로 IT와 환경, 방범 및 방재, 건강 등 다양한 분야의 최첨단 기술을 도입해 가까운 미래의 라이프 스타일을 제안하는 주택으로서 도요타홈이 실현한 실험주택이다.

트론 프로젝트의 리더인 겐 교수는 트론과 첨단 기술 기반의 새로운 지능형 홈을 설계·개발했다. '파피(PAPI)'로 명명된 이 새로운 개념의 지능형 홈은 2010년 즈음에 구현 가능할 것으로 보이는 유비쿼터스 컴퓨팅 기술을 반영하여 설계되었다. PAPI는 친구라는 뜻의 'Pal'과 활기·활력이라는 뜻의 'Pizzazz'를 조합한 말이다.

이 프로젝트의 목표는 T-엔진(T-Engine) 프로젝트를 통해 개발된 유비쿼터스 네트워크 기술을 바탕으로 쾌적함은 2배로 높이고 에너지 소비는 친환경적으로 2분의 1로 낮출 수 있는 지능형 홈을 설계·실현하는 것이다.

도요타 드림홈 파피는 설계와 건축에 5년이 걸렸으며 689평방미터 규모다. 소재는 재활용된 유리와 알루미늄을 사용했고, 대형 창문은 비가 내리면 자동으로 청소되도록 하여 기본적인 청소의 필요성을 제거했다.

침실에는 쾌적한 수면을 위한 다양한 아이디어가 활용되어 있다. 취침 전에 편안한 환경을 만듦으로써 잠이 잘 오고 숙면을 취할 수 있도록 계절별로 온도와 습도를 조절하고, 조명도 잠자리에 들기 전에 최적의 조도인 30~100럭스로 낮추며, 색온도도 졸음이 오게 하는 난색계의 빛 환경을 만들어 낸다. 이 쾌적한 조명에는 LED, HID 등 새로운 조명 기술이 응용되었다.

잠에서 깨어날 때에도 자연스러운 기상을 유도할 수 있도록 고안되어 있다. 사람이 잠을 잘 때는 일정 주기로 얕은 잠과 깊은 잠을 반복하는데, 깊은 잠에 빠져 있을 때 깨면 매우 불쾌한 기상이 된다. 이 침실에는 설정한 기상 시간과 수면 시 얕은 잠의 주기가 일치하도록 인공 조명과 블라인드 셔터를 연동시켜 빛을 조절하는 시스템이 갖추어져 있다. 이를 통해 자연스러운 기상을 유도하는 것이다.

수면 주기를 측정하기 위해 취침 시 손목에 생체 센서를 장착해 맥박 데이터를 수집한다. 이 생체 센서는 발광소자와 수광소자로 구성되어 있는데, 맥박에 따라 변하는 혈류량에 따라 빛의 반사량이 변한다는 사실을 이용해 맥박을 측정하고 데이터를 분석해 수면의 깊이를 추정한다.

자동차에 탄 채로 현관까지 접근할 수 있으며, 현관문의 보안 관리는 전자동으로 이루어진다. 유비쿼터스 커뮤니케이터를 사용한 스마트 키라는 하이레벨의 개인 정보 인증이 이루어지는 것이다. 문의 잠금과 해제, 내부에 누가 있는지, 외출 중에 찾아온 사람이 있는지 여부를 확인해 보고하고, 외출 중에 외부인의 침입 등 위험은 없었는지 등의 정보를 제시하기 때문에, 위험이 있으면 신속히 파악해 신고할 수 있다.

이러한 보안의 확보는 현관뿐 아니라 주택 내에 설치된 사람 감지 센서와 파괴 센서를 이용해 종합적으로 이루어진다.

스마트 자동문은 리니어(Linear) 모터 식으로, 자동차용 리니어 오토 커튼의 개발을 통해 축적한 기술을 이용, 안전하고 확실한 개폐

트론은 어떻게 가능한가요?

트론 프로젝트는 컴퓨터 하드웨어와 OS, 그리고 그 활용법에 이르는 폭넓은 분야를 대상으로 하고 있다. 하드웨어나 OS의 개발도 단순히 PC용만을 대상으로 하지는 않는다. 그 중에는 전화교환기에 사용되는 통신제어용 CTRON(Communication and Central TRON), 가전기기나 산업용 기기에 들어가는 컴퓨터에 사용될 ITRON(Industrial TRON)도 포함되어 있다. PC용 BTRON(Business TRON)은 트론의 일부에 불과하다.

트론 프로젝트에서는 '어디에나 컴퓨터가 있는 시대'를 위해, 하드웨어와 소프트웨어 개발을 기반으로 하나의 가정집 안에 다수의 마이크로프로세서를 배치한 '트론 컴퓨터 주택'을 실제로 만들어 생활의 편리함을 연구하고 있다.

를 실현했다. 또한 스마트 키의 통신 방식은 도요타 승용차 셀시오와 같은 고도의 보안 기술을 채택하고 있다.

　도요타 드림홈은 태양에너지를 이용해, 자동차를 차고에 세워 두면 전력이 공급되도록 설계되었고 집의 난방 역시 태양에너지와 연료전지를 사용하도록 되어 있다.

8

유비쿼터스 별천지,
다이내믹 u-코리아

우리나라는 세계 최고 수준의 초고속 인터넷 서비스 이용 환경이 마련되어 있으며 휴대전화 보급률 또한 매우 높다. 또 세계 시장에서 디지털 가전과 반도체 산업을 이끌어 가고 있어 유비쿼터스 환경을 조기에 정착시킬 수 있는 유리한 여건을 두루 갖추고 있다.

이러한 배경을 바탕으로 우리나라는 세계 최고 수준의 정보통신 인프라를 적극 활용하여 유비쿼터스 시대에 대비하고자 종합적인 정보통신 기술개발 정책인 'u-IT839' 전략을 적극적으로 추진하고 있다. 특히 u-IT839 전략을 원동력 삼아 2010년경에 세계 최초로 지능기반 사회를 건설한다는 '다이내믹 u-코리아(Dynamic u-Korea)' 정책을 역동적으로 펼쳐 나가고 있다.

청소 시작!
온도:
습도:
자동 모니터링
환자 간호
자동 모니터링
위험자가진단
시설물 관리
U - KOREA
편리한 민원 처리
불편 신고
장애인 복지
조기 기상진단으로
자연재해 사전 예측
신선도
영양소
유비쿼터스 정보기술로
자료 분석
물품 정보
자동 결제
신속한
물품 정보

　우리나라 유비쿼터스 전략의 특징은 중앙정부가 'u-IT839' 전략과 '다이내믹 u-코리아' 정책을 통해 연구개발과 차기 정보화 기본 계획을 수립하고, 각 지방 자치단체가 '유비쿼터스 도시(u-City)'라는 미래형 신도시 구축 사업을 통해 활발하게 동참하고 있다는 점이다. 유비쿼터스 도시란 기존 도시의 유지 및 관리 시스템에 유비쿼터스 기술을 접목해 현대 도시가 당면하고 있는 각종 과제를 해결하고, 시민들이 안전하고 쾌적한 생활을 누리면서 공공 서비스에 보다 쉽게 다가갈 수 있도록 지능화된 21세기 첨단 도시를 말한다.

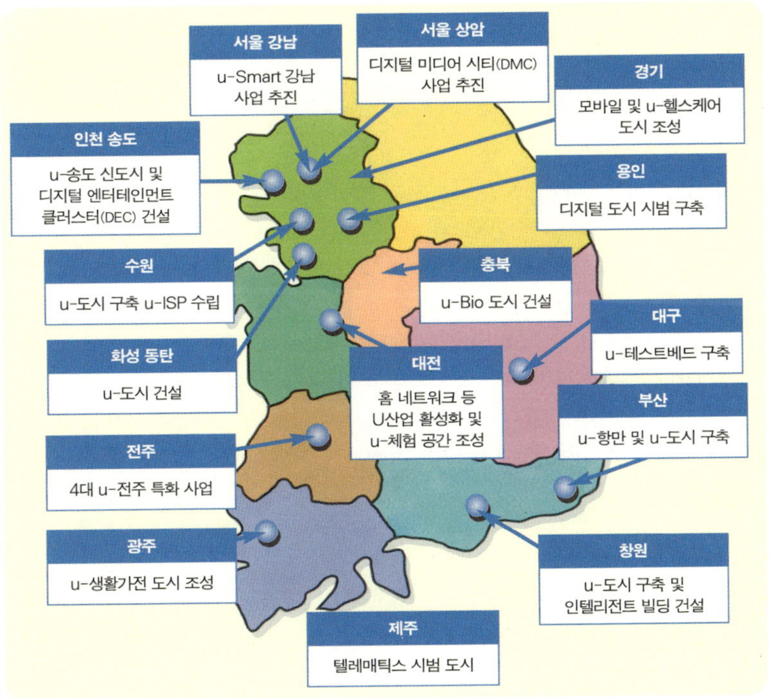

u-코리아는 어떻게 가능한가요?

• 정보통신부의 u-IT839 전략 •

8대 서비스	3대 인프라	9대 신성장 동력
• HSDPA/W-CDMA • WiBro • 광대역 융합 서비스 • DMB/DTV 서비스 • u-Home 서비스 • 텔레매틱스/위치 기반 서비스 • RFID/USN 활용 서비스 • IT 서비스	• 광대역 통합망(BcN) • u-센서 네트워크(USN) • 소프트 인프라웨어	• 이동통신/텔레매틱스 기기 • 광대역/홈 네트워크 기기 • 디지털TV/방송 기기 • 차세대 컴퓨팅/주변 기기 • 지능형 로봇 • IT SoC/융합/부품 • RFID/USN 기기 • 임베디드 SW • 디지털 콘텐츠/SW 솔루션

'u-IT839' 전략이란 지능 기반 사회 '다이내믹 u-코리아'를 앞당기기 위해 정부가 전략적으로 도입하고자 하는 8가지 신규 서비스와 이들 서비스의 활용을 가능하게 하는 3가지 인프라 및 9가지 관련 산업이 결합된 종합적인 국가 정보기술 개발 정책이다.

IT산업은 서비스, 인프라, 관련 기기의 제조 능력 등 세 가지 요소가 삼위일체가 되어 유기적으로 어우러졌을 때 발전하는 가치사슬 구조를 갖고 있다. 우리나라는 IT산업의 이러한 특성을 활용해 새로운 경제 성장 동력을 창출하여 선진 한국 진입을 앞당기고자 노력하고 있다.

유비쿼터스 드림전시관

광화문에 위치한 정보통신부 건물 1층에 있는 유비쿼터스 드림전
시관은 국민들에게 미래의 생활 환경인 유비쿼터스 컴퓨팅 환경을
직접 체험해 볼 수 있는 장을 제공하고, 세계 시장을 선도하고 있는
국내 기술을 국내외적으로 홍보하기 위해, 국내의 IT 선도 기업들이
중심이 되어 구축했다.

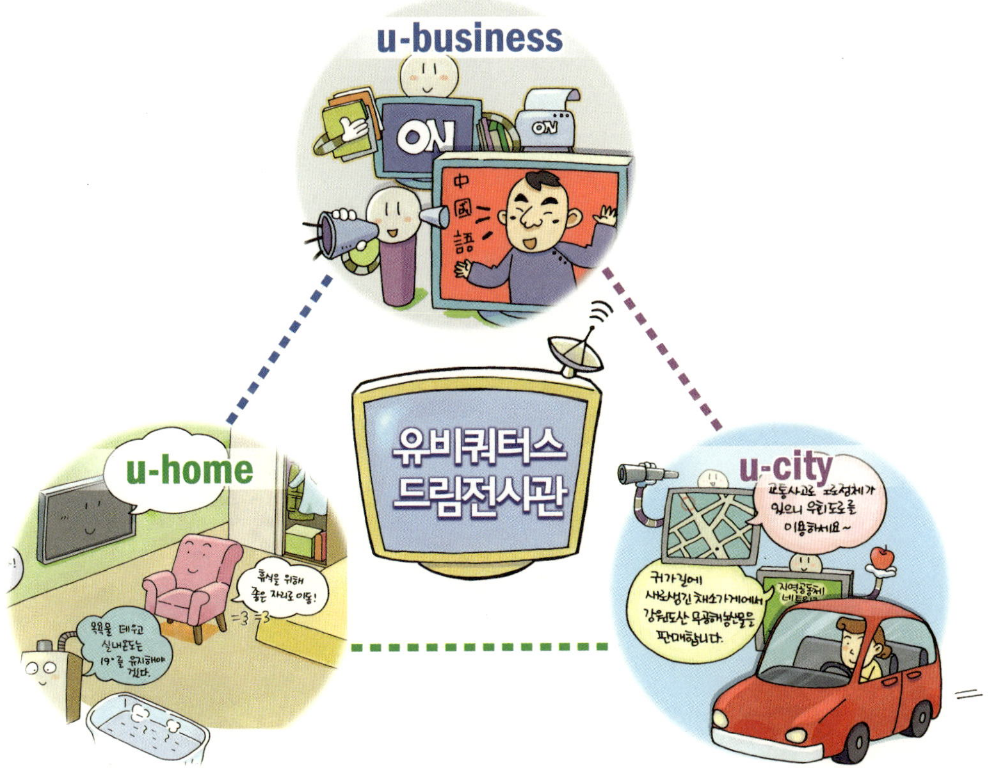

270여 평 규모의 유비쿼터스 드림전시관은 미래의 디지털 라이프 스타일을 체험할 수 있는 3D 영상관, u-Home(현관·거실·주방·다이닝룸·가족실·드레스룸), u-City(버스 정류장·자동차·마켓·카페), u-Business(사무 로봇·보이스 메일·차세대 광고 매체·인체 매질 통신) 등 최첨단 미래 생활 공간과 최신 IT제품을 경험해 볼 수 있는 체험관으로 구성되어 있다.

9

u-코리아 선도 프로젝트,
RFID 시범사업

RFID는 u-코리아 환경을 구현하는 핵심 기술의 하나로, 가장 먼저 우리 생활에 실용화될 것으로 기대되고 있다. 따라서 우리나라는 RFID 기술의 적극적인 연구개발 및 조기 도입을 통해 미래 시장에서 유리한 위치를 확보하고자 노력하고 있다.

현재 이를 위한 구체적인 실천 방안으로, RFID의 확산에 기여하고 공공 부문의 생산성을 향상시키면서 국민 생활과 밀접한 관련이 있는 영역을 중심으로 시범사업을 실시하고 있다.

대표적인 RFID 시범사업은 다음과 같다.

항공 수하물 추적 통제 시스템

금호아시아나 그룹의 전문 IT업체인 아시아나 IDT는 한국 공항공사와 함께, 전파를 이용해 항공 수하물의 이동 경로를 추적할 수 있는 'RFID 기반 항공 수하물 추적 통제 시스템'을 김포·부산·광주·대구·청주 등 국내 5개 공항에서 2005년 6월부터 시범적으로 서비스하고 있다.

이 시스템은 항공 승객들의 짐에 소형 반도체 칩이 내장된 RFID 꼬리표를 부착하고, 무선 주파수를 이용해 수하물의 이동 경로를 실시간 추적할 수 있도록 한 것이다. 이는 항공기 수하물의 분실 및 도난 방지는 물론 수하물 취급 시간을 대폭 단축시켜 줄 것으로 기대된다. 특히 이용객들은 도착지 공항에서 모니터를 통해 자기 수하물의 위치를 실시간으로 확인하고 찾을 수 있게 된다.

조달 물품 관리 시스템

조달청은 국가 물품의 관리와 운영을 총괄하는 기관이다. 우리 정부의 조달청은 세계 최초로 개별 물품을 대상으로 하는 자산 관리 분야에 대해 RFID를 이용한 물품 관리 시스템 구축을 2005년 6월 완료했다. (더 자세한 정보는 www.pps.news.go.kr을 참조하기 바란다.)

이 시스템에서는 각 물품별로 반도체 칩이 내장된 RFID 태그를 부착, 자동적으로 물품 관리가 이루어진다. 사람이 일일이 물품 수를 세어 재고를 관리할 필요가 없어진 것이다.

물건을 수송하는 트럭 A를 예로 들어 보자. A의 뒷면에는 반도체 칩이 내장된 RFID 태그가 부착되어 있다. 이 태그는 "이 트럭은 A이다"라는 정보를 담고 있다. 이 정보는 무선 주파수(Radio Frequency, RF)를 통해 무선으로 휴대 단말기 형태의 태그 리더에 읽히고, 휴대 단말기에 원래 저장되어 있는 정보와 합쳐져, 이용자에게 "A는 생선이 든 상자 100개를 포항에서 서울 B마트로 실어 가고 있다"는 정보를 보여 주게 된다.

마찬가지로 이 트럭이 서울 B마트에 도착하면 B마트에서 트럭의 물건을 받게 되는 사람도 휴대 단말기 형태의 태그 리더를 이용해 "이 트럭은 포항에서 생선 100상자를 싣고 왔다"는 것을 확인하고, 매장에 들여놓는다.

국방 탄약 관리 시스템

이 시스템은 RFID 기술을 이용해 수류탄 등 주요 탄약의 재고를 실시간으로 파악하고, 탄약의 반출입을 매일 자동 결산하는 무기 관리 시스템으로, 2004년부터 LG히타치와 한국 국방연구원이 공동 개발했다.

종전까지 군부대 내 탄약은 사람이 직접 손으로 관리해 왔지만, 이제 탄약 청구에서 출입 · 저장 · 검사 · 불출 · 이동에 이르는 모든 과정을 자동화함으로써 총기 안전사고 방지에 크게 기여할 것으로 기대된다.

수출입 국가 물류 관리 시스템

산업자원부가 주관하고 (주)ECO가 주요 사업자로 참여한 시범사업으로, 세계 최초로 자동차 부품 글로벌 공급망 관리에 RFID 시스템을 적용한 것이다.

이 서비스의 목표는 실시간으로 물류 흐름을 파악하고 추적성을 높여 수출입 물류 환경을 효율화하고 국내 자동차 산업의 경쟁력을 강화하는 것이다.

수입 쇠고기 추적 서비스 체계

국립 수의과학검역원의 수입 쇠고기 추적 서비스는 RFID를 이용해 수입 쇠고기의 국내 반입으로부터 가공·유통·판매에 이르기까지 모든 과정을 관리하는 것이다. 즉, RFID 태그를 통해 검역·소재지·유통 과정을 추적 관리하고, 관련 행정기관 및 소비자에게 원산지 및 검역 정보를 제공하는 서비스다.

이를 통해 농장에서 식탁에 이르는 전 과정에 대한 체계적인 안전성 관리를 제도화하고, 브루셀라 등 사람과 가축이 공동으로 전염될 수 있는 질병이나 중금속·농약 등에 오염된 비위생적인 축산물의 유입을 차단할 수 있는 시스템도 마련할 계획이다

III

미리 보는 유비쿼터스
미래생활

1
유비쿼터스 정보가전

  우리가 가정에서 사용하는 가전제품 속에는 무수히 많은 마이크로 칩과 지능적인 기능을 수행하는 프로그램들이 내장되어 있다. 아직 초보적인 수준이긴 하지만, 일부 가전제품은 서로 네트워크로 연결되어 필요한 정보를 주고받기도 하며, 인터넷에 접속해 스스로 알아서 다양한 정보를 탐색하기도 한다. 이러한 가전제품을 '정보가전'이라고 부른다.

  이처럼 가전제품들이 컴퓨터를 내장해 지능을 갖추고 인터넷에 연결되어 정보가전으로 진화함에 따라, 유비쿼터스 정보기술이 빠르게 일상생활 속으로 스며들고 있다. 이러한 상황이 보편화되는 세상이 곧 우리가 기다리는 유비쿼터스 세상이다.

  현재 대표적인 정보가전으로는 최근 시판되기 시작한 인터넷 냉장고를 들 수 있으며, 이 외에도 TV·오디오·비디오·게임기 등은 물론 전자레인지·세탁기 등 대부분의 가전제품들이 조만간 인터넷에 연결되어 정보가전으로 진화할 것으로 보인다.

냉장고의 경우 초기에는 PC 기능을 내장하고 앞면에 디스플레이를 부착하여 인터넷에 접속, 정보를 탐색하거나 e메일을 확인하는 등 기본적인 컴퓨팅 기능을 제공하는 수준에 불과했다. 그러나 냉장고는 다른 가전제품과 달리 24시간 내내 전원이 공급되고, 부피가 커서 내부에 하드디스크와 같은 컴퓨터 장치를 내장하기에도 용이하며, 자체적으로 냉각 기능을 보유하고 있다는 장점을 가지고 있다. 따라서 홈 게이트웨이 역할을 하는 정보가전으로 발전해 갈 것으로 전망된다.

게이트웨이는 '관문'이라는 의미로, 모든 정보가 오고 가는 통로를 말한다. 홈 게이트웨이는 가정으로 들어오는 모든 정보의 통로이자 정보가전의 중앙 통제센터 역할을 하게 된다.

유비쿼터스 세상에서 사용될 냉장고는 훨씬 높은 지능을 가지고 한 차원 높은 서비스를 제공할 것으로 기대된다. 먼저, 냉장고는 안

TIP

마이크로 칩

정보와 연산 처리를 할 수 있는 고도로 집적된 반도체로, 최소 단위의 컴퓨터다.

여기서 잠깐!

정보가전의 현주소

일본의 대표적인 가전업체인 마쓰시타와 히타치는 공동으로 냉장고, 에어컨, 세탁기, 전자레인지 등을 인터넷으로 조작하는 기술을 선보이고 있다. 국내에서는 LG전자와 삼성전자가 홈 네트워크 제품을 잇달아 내놓았으며, 린나이코리아는 국내 최초로 인터넷 가스보일러를 출시하는 등 본격적으로 인터넷에 기반을 둔 정보가전 시대를 열어 가고 있다.

에 들어 있는 식품의 종류와 수량, 유통기한 등 식품에 관한 다양한 정보를 제품에 부착된 RFID 태그로부터 실시간으로 읽어 들인다. 이때 해당 식품에 대한 보다 자세한 정보가 필요하면, 인터넷을 통해 제조사 홈페이지에 접속하거나 인터넷 검색을 시행하는 등 스스로 관련 정보를 수집하기도 한다.

이렇게 수집된 정보를 바탕으로 저장된 식품의 종류와 수량을 체크하여 구매가 필요하다고 판단되는 물품에 대해서는 구매 목록을 작성한다. 동시에 인근 매장의 할인 정보 등을 실시간으로 수집하여 구매 목록과 함께 사용자에게 메시지를 전송하고, 경우에 따라서는 스스로 주문하기도 한다.

만약 냉장고 안에 유통기한이 다가오는 식품이 있다면 이를 기한 내 소비하라는 메시지를 보내며, 해당 식품을 이용한 식단과 조리 방법에 대해 조언한다. 유통기한이 지난 식품에 대해서는 폐기 처분하라는 메시지를 사용자에게 전송한다.

인터넷에 연결되어 지능화된 전자레인지는 단순히 냉동식품을 해동하거나 식은 음식을 데우는 현재의 수준을 훌쩍 뛰어넘을 것이다. 식료품을 집어넣으면 별도의 지시 없이도 스스로 적합한 조리 방법을 판단한다.

만약 해당 식료품의 조리에 관한 정보가 저장되어 있지 않으면 인터넷을 통해 식료품 제조업체 홈페이지나 즉석 요리 관련 사이트에 접속해 새로운 조리법을 다운로드받아 자동으로 조리해 주는 등 전문 요리사 수준으로 진화 발전하게 된다.

세탁기 역시 지능화되어 가고 있다. 세탁할 의류를 세탁기에 넣으면 이를 자동으로 인식해 적정한 물의 양과 온도와 세제 양을 스스로 결정하는 것은 물론, 함께 세탁하지 말아야 할 의류가 섞여 들어오면 이에 대해 사용자에게 경고함으로써 세탁물의 손상을 미연에 방지한다.

한편, 청소기는 앞으로 성장 발전할 가능성이 매우 높은 정보가전이라고 할 수 있다. 현재 '청소 로봇'이라고 불리는 초기 제품들이 이미 판매되고 있다. 아직은 초보적인 수준이지만 앞으로 점점 청소용 로봇의 가격이 낮아지고 성능은 좋아지는 등 관련 시장이 성장하면서 1가구 1로봇 시대를 열어 갈 것으로 기대된다.

청소 로봇은 내장된 센서를 통해 자동으로 실내의 오염 정도를 측정하고, 공간 인식을 통해 청소할 영역을 결정한 후 청소 대상 및 순서를 결정해 작동하게 된다.

기존의 무선 청소기는 사용자가 미리 충전을 한 다음 사용해야 하지만, 로봇 청소기는 스스로 충전 상태를 체크하고 충전이 필요하다고 판단될 경우 청소 도중에도 충전기로 돌아와 재충전한 후 다시 청소를 한다.

또한 정기적인 청소뿐만 아니라 돌발적으로 오염이 발생할 경우 이를 감지하여 곧바로 청소를 하게 된다. 진공청소기처럼 단순히 먼지만 흡입하는 수준의 청소가 아니라, 스스로 다양한 도구를 선택하고 탈부착하면서 먼지털이부터 걸레질 혹은 스팀 청소에 이르기까지, 사람이 전혀 개입하지 않아도 전체 청소 과정을 모두 지능적으로 처리하는 수준에까지 도달할 것이다.

인터넷과 연결되어 지능화된 정보가전의 가장 큰 장점은, 고장이 났을 때 스스로 A/S센터에 제품 정보 및 고장 사항 등을 전송하고 A/S를 요청하는 것은 물론, 수시로 인터넷에 접속해 내장된 소프트웨어를 자율적으로 업그레이드한다는 점이다. 즉, 항상 최상의 기능을 유지하기 위해 스스로 점검하고 치유하는 기능을 갖게 되는 것이다.

미래 유비쿼터스 세상에서는 이처럼 지능화된 기능을 갖추고 인터넷에 연결된 정보가전의 등장과 보급으로 가정의 유비쿼터스 정보화가 이루어져 생활의 편리와 즐거움이 증진될 것이다.

2

컴퓨터로 둘러싸인 u-홈

　가정에서의 유비쿼터스 정보화는 정보가전을 중심으로 한 디지털 홈 또는 홈 네트워크에서 시작되어, 우리가 거주하는 공간이 전체적으로 지능화되는 지능형 주택으로 진화하게 된다. 즉, 주택 혹은 빌딩이 말 그대로 컴퓨터가 되어 주택 내·외부의 다양한 객체들과 정보를 주고받으며 지능화된 서비스를 거주자에게 제공하게 되는 것이다. 이제까지는 집 안에서 컴퓨터를 사용해 왔다면, 미래 유비쿼터스 세상에서는 컴퓨터 안에 들어가 산다고 말할 수 있다.

　유비쿼터스 주택이나 빌딩은 홈 네트워크를 기반으로 정보가전은 물론, 벽·문·천장·바닥 등에 내장된 다양한 센서들이 서로 연결되어, 주택이나 빌딩의 안팎에서 발생하는 여러 가지 상황 정보들을 수집·분석하고, 이를 바탕으로 자율적인 판단 및 관리를 실행하여 거주자들에게 최적의 주거 환경을 제공하게 된다.

예를 들어, 외부의 날씨 상황을 분석하여 화창한 날에는 자동으로 창문을 열어 공기를 순환시키고 비가 오면 자동으로 창문을 닫는다. 실내의 현재 온도와 습도가 적정한지를 측정하고, 냉·난방 기기와 가습기를 통제함으로써 실내 온도 및 습도를 최적의 상태로 유지하며, 채광 정도에 따라 실내 조명의 밝기를 조절한다.

한편, 가정 내 네트워크와 연결된 카메라 내장형 도어폰은 사용자가 외출했을 때 방문자를 확인한다. 또 이를 통해 간단한 메시지를 전달받거나 필요에 따라서는 원격지에서 출입을 허용할 수도 있다. 가정 내 모든 기기가 네트워크로 연결되어 외부에서 자유자재로 원격 조정이 가능해진다. 이와 같은 기능들은 이미 상당 부분 상용화되어 있다.

정보화된 유비쿼터스 주택은 방범 방재에도 상당한 기여를 하게 된다. 예를 들어 집에 도둑이 침입한 경우, 생체 정보를 인식하거나 행동 패턴을 분석해서 무단 침입 여부를 파악하고, CCTV를 통해 침입자의 행적을 촬영한다. 또한 강제로 문이 열리거나 창문이 파손된 경우에는 거주자에게 이 사실을 통지하고 인근 파출소에 신고하는 등 신속하게 필요한 조치를 취하게 된다.

최근 개발되고 있는 CCTV는 단순히 영상을 촬영하는 카메라가 아니라 문자를 인식하고, 사람의 얼굴을 구분하며, 행동을 분석해 행위를 예측하고 의도까지 유추해 낼 수 있는 수준에 이르고 있다. 이와 같은 기술들은 보안 및 안전 관리 시스템을 구축할 때 활용될 수 있다.

유티존의 하루 | 맞벌이 부부와 유비쿼터스 아파트

중학교 수학교사인 김미분 선생님은 결혼 2년차로, 지난달에 유비쿼터스 환경이 갖춰진 아파트로 이사했다. 이곳으로 이사 오기 전에는 퇴근 후 저녁마다 가사 분담 문제로 남편과 다투곤 했지만 이제는 그럴 일이 없어졌다.

유비쿼터스 아파트에서는 대부분의 가사를 지능화된 정보가전들이 자율적으로 해결해 주기 때문에 가사 업무가 상당히 줄어들었으며, 나머지 일도 남편이 해주기 때문이다. 남편도 그동안 가사를 돕기 싫어서 안 했던 것이 아니라 무엇을 어떻게 도와줘야 하는지를 몰랐던 것이다.

아파트를 구입할 때 기본적으로 제공되는 청소 로봇 덕분에 퇴근 후 집에 오면 집은 항상 깔끔하다. 청소 로봇은 스스로 먼지를 탐색해 청소하고 충전도 알아서 하기 때문에 별다른 조작이 필요하지 않다.

이처럼 지능화된 유비쿼터스 주택은 우리에게 쾌적하고 안전한 생활을 보장해 주고, 효율적인 관리 운영을 통한 에너지 절약 및 유지 보수비 최소화 등의 효과가 있어 경제적 이득도 함께 제공해 줄 것이다.

유비쿼터스 정보화를 통해 지능화된 유비쿼터스 주택을 건설하려는 시도는 이미 실험실 수준을 넘어 현실화되고 있으며, 많은 건설 회사들이 유비쿼터스 정보기술을 생활 공간에 응용한 아파트를 건

빨래도 마찬가지다. 예전에는 남편에게 빨래를 부탁했다가 실크 블라우스를 물빨래해서 망친 적이 있었지만, 옷에 부착된 전자 태그를 읽고 경고해 주는 세탁기 덕분에 이젠 그럴 걱정도 없다.

냉장고 안에 무엇이 있는지 실시간으로 조회해 주는 냉장고와 식단 추천 시스템이 그녀의 휴대 단말기로 쇼핑 목록을 추천해 주기 때문에 장 보는 일도 별로 어렵지 않다. 냉장고가 오늘은 오랜만에 청국장을 추천하며 재료 구매 여부를 물어 온다.

설하기 위해 노력하고 있다. 따라서 머지않은 미래에 많은 사람들이
유비쿼터스 지능형 주택에서 거주하게 될 것으로 기대된다.

CCTV

CCTV(Closed-Circuit Television)는 특정 지역에 설치된 카메라를 통해 수
집된 영상 정보를 특정 수신자만 볼 수 있는 텔레비전 시스템으로, 폐쇄회
로 텔레비전 · 산업용 텔레비전 · 전용 텔레비전이라고도 불린다. 교육, 의
료, 방범 방재 및 지역 정보 서비스 등 다양한 분야에서 활용되고 있다. 미
국과 영국의 경우 최근 범죄 예방과 테러 방지를 목적으로 CCTV 설치가 급
증하고 있으며, 우리나라 역시 주차 단속 · 불법 쓰레기 투기 단속 · 학교폭
력 예방 및 치안을 목적으로 한 CCTV 설치가 증가하는 추세다.

3 달리는 정보 공간, 지능형 자동차

1980년대 초 미국에서 방영된 〈전격 Z작전 *Knight Rider*〉은 우리 나라에서도 상당히 인기 있었던 외화 시리즈다. 이 드라마는 주인공도 물론 인기 있었지만, 그의 검정색 스포츠카 '키트' 덕분에 더욱 유명했다.

주인공 마이클 나이트는 자신의 자동차에 내장된 컴퓨터 두뇌 키트와 함께 악당들에 맞서 싸운다. 키트는 스스로 자동차를 운전할 뿐만 아니라, 자기학습 능력을 가지고 있어 인간처럼 생각하고 주인공과 대화를 나누기까지 한다. 20년 전 드라마 속에서 보여 준 키트의 놀라운 능력은 그저 꿈같은 허구에 지나지 않았지만, 다가올 유비쿼터스 세상에서는 바로 우리 눈앞의 현실이 될 것이다.

오늘날 자동차는 우리 생활에 없어서는 안 될 필수품이며, 수백

음성 인식과 블루투스

음성 인식이란 음성을 이용해 정보를 입·출력하는 생체 인식 기술의 하나로, 사람의 말을 인식하는 기술과 문자를 음성으로 읽어 주는 기술로 나뉜다. 음성 인식은 컴퓨터와 사람 간의 자연스러운 커뮤니케이션을 위해 꼭 필요한 기술이다.

한편 자동차 내·외부에 내장된 각종 센서와 정보기기들이 정보를 주고받기 위해서는 서로를 연결해 주는 근거리 무선통신 네트워크가 필요하다. 블루투스(Bluetooth)는 최근 가장 널리 보급된 근거리 무선통신 표준으로, 10미터 이내의 거리에서 최대 1Mbps의 속도로 통신할 수 있다.

블루투스는 10세기 덴마크와 노르웨이를 통일한 바이킹의 이름에서 따온 명칭인데, 처음에는 무선통신 규격으로 통일한다는 상징적인 의미의 프로젝트명으로 사용되었으나, 현재는 근거리 무선통신 표준의 하나를 나타내는 브랜드로 사용되고 있다.

개의 마이크로 칩으로 이루어진 수많은 전자장치들이 내장된, 도로 위를 달리는 컴퓨터다. 특히 텔레매틱스·음성 인식·블루투스 및 각종 센서 등 최첨단 시스템을 갖춘 첨단 자동차들은, 비록 아직 초보적인 수준이긴 하지만 드라마 속 키트가 보여 준 일부 기능을 실제로 구현하고 있다.

전후방 센서를 통해 주차할 때 장애물을 스스로 감지하며, 운전자가 다가올 경우 본인 여부를 파악해 자동으로 문을 열어 주고, 운전자가 일정 거리 이상 떨어지면 자동으로 문을 잠그는 등의 기능이 제공되고 있다. 즉, 자동차의 열쇠와 자동차가 서로 통신하는 사물과 사물 간의 통신이 이루어지고 있는 것이다.

또 타이어 공기압을 실시간으로 측정하거나 각종 내부 기능의 이
상 여부를 파악하여 운전자에게 알려 준다. 사고를 유발할 수 있는
차량의 결함을 미리 파악하여 정비하라고 메시지를 보내는 것이다.
또한 운전자가 장시간 운전할 경우에는 생체 리듬을 체크하여 운전
자의 피로 정도와 졸음운전 여부 등을 확인해서 잠시 쉬어 갈 것을

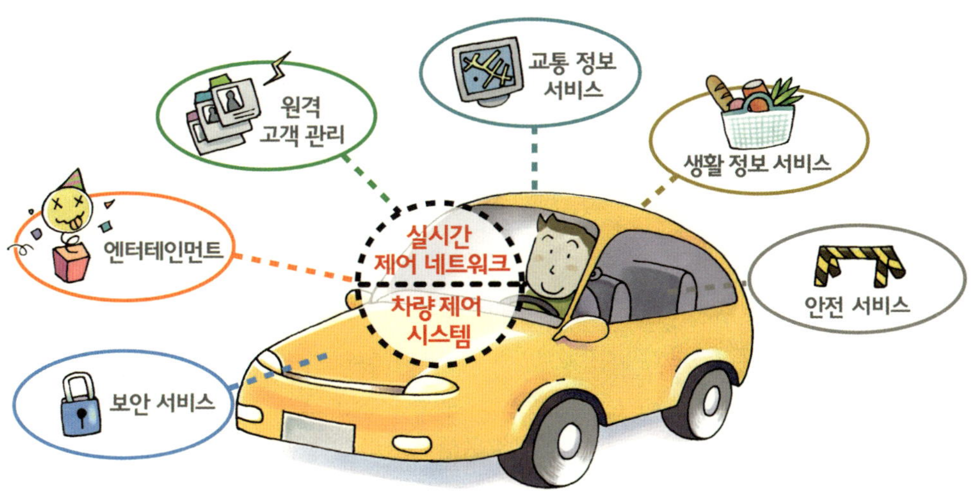

권하는 등 안전운전을 보장하기 위한 지능형 서비스를 제공한다.
　한편, 내비게이션 서비스는 유비쿼터스 자동차가 제공하는 가장
보편적인 기능으로 부각되면서 최근 빠르게 발전하고 있다. 아직까
지는 단순하게 지리 정보를 바탕으로 길을 안내하거나 주변의 관광
정보를 제공하는 등 간단한 수준이다. 하지만 앞으로는 사고 발생이
나 교통량 증가로 인해 교통 정체가 예상되는 경우 신속히 우회도로

를 알려 주는 등 시시각각으로 변하는 교통 상황에 능동적으로 반응하는 지능적인 교통 안내 서비스가 제공될 것이다.

무엇보다도 유비쿼터스 자동차의 가장 큰 특징은 주행 중에도 인터넷에 접속할 수 있다는 것이다. 자동차가 인터넷에 접속할 수 있다는 것은, 결국 자동차가 독자적인 통신 기능을 갖춘 지능화된 단말이 된다는 의미로, 단순히 운전자가 주행 중에도 인터넷을 이용할 수 있다는 것 이상의 의미를 지닌다.

자동차가 인터넷에 접속할 수 있게 되면 주행 중 필요한 정보를 자동차가 스스로 검색하여 판단할 수 있으며, 네트워크를 통해 필요한 각종 데이터와 프로그램을 제공받을 수 있다. 따라서 자동차 내부에 값비싼 컴퓨터 장치를 내장하거나 대용량의 정보를 저장하지 않아도 된다.

유비쿼터스 자동차는 인터넷에 접속하거나 근거리 무선통신을 이용해 다른 차량과도 정보를 주고받으며 상호 작용할 수 있다. 이러한 상호 작용은 앞에서 주행하는 차량이 도로 사정이나 전방의 사고 상황 등을 뒤에 오는 자동차에 알려 줘 사고 발생을 예방하는 조치를 취할 수 있게 한다.

아울러 유비쿼터스 자동차는 사용자 중심의 편안한 인터페이스를 제공하기 위해 대부분의 기능이 음성 인식으로 조작된다. 즉, 자동차와 사람이 대화를 나누는, 사람과 사물 간의 커뮤니케이션이 가능해진다는 얘기다.

GPS 시스템 및 인터넷과 연결되는 유비쿼터스 자동차는 도로 상태와 교통 정보를 실시간으로 수신받아 운전자에게 최적의 경로를 알려 주거나 안전운전에 필요한 조치를 스스로 취하게 된다. 사고 발생 시에는 응급 구조를 요청하고 당시의 상황 정보를 수집하여 블랙박스에 보관하거나 경찰서와 보험사 등 관계 기관에 전송함으로써 사고 처리가 신속하고 명확하게 이루어지도록 한다. 교통사고 발생 시 사고의 정도와 그에 따른 환자의 부상 정도를 짐작하는 것은 응급 조치를 위해 매우 중요하다.

4

시민을 위한 지능화된 도시 서비스

　유비쿼터스 도시란 수많은 사람과 사물, 그리고 시설물이 어우러져 있는 생활 공간 곳곳에 컴퓨터와 네트워크를 마치 보도블록 깔듯 지천에 심어, 시민들이 편리하고 안전하고 쾌적한 생활을 할 수 있도록 각종 지능화된 서비스를 제공하는 도시를 말한다. 가로등, 다리, 도로, 상하수도 등 유비쿼터스 도시의 각종 시설물에는 마이크로 칩과 센서가 내장되고, 이들 칩과 센서들은 유비쿼터스 센서 네트워크로 연결되어 서로 정보를 교환하면서 지능화된 기능들을 발휘하게 된다.

　이처럼 도시 전체가 거대한 컴퓨터로 지능화되는 유비쿼터스 도시에서는 지금처럼 모든 사람에게 동일한 서비스가 일방적으로 제공되지 않는다. 시민 한 사람 한 사람의 특성은 물론 현재의 위치와

시간을 정밀하게 파악하여 위치 기반 서비스가 제공되고, 다양한 상황 정보들을 복합적으로 고려한 컨시어지(Concierge) 서비스까지 가능해진다.

컨시어지 서비스란 미리 파악하는 서비스, 가려운 곳을 긁어 주는 서비스라고 풀이할 수 있다. 즉, 고객의 상황을 파악하여 고객이 요구하기에 앞서 필요로 하는 서비스를 미리 알아서 제공해 주는 것을 의미한다.

유비쿼터스 도시의 주요 기능을 열거하자면 가장 먼저 지능형 교통을 들 수 있다. 자동차뿐만 아니라 도로, 교통 표지판 및 기타 시설물이 지능화되고 자동차와의 통신이 이루어져 보다 편리하고 안전한 운전 환경이 제공되는 것이다. 예를 들어, 자동차가 차선을 이탈할 경우, 도로에 설치된 센서가 이를 인식하여 운전자에게 위험

위치 기반 서비스(LBS, Location Based Service)란 휴대전화기 속에 기지국이나 위성 항법 장치(GPS)와 연결되는 칩을 부착하여 얻은 위치 정보를 바탕으로 위치 추적 서비스, 공공 안전 서비스, 위치 기반 정보 서비스 등 위치와 관련된 각종 정보를 제공하는 서비스를 말한다.

위치 기반 서비스를 이용하면 사람·차량 등의 위치를 파악하고 추적할 수 있음은 물론, 산속이나 사막 같은 오지에서 위험에 처했을 때 휴대전화기 응급 버튼을 누르면 구조기관에 연결되어 신속하게 구조를 받을 수 있다.

유비컴의 주요 기술 | 유비쿼터스 센서 네트워크

유비쿼터스 센서 네트워크(USN, Ubiquitous Sensor Network)는 모든 사물에 RFID를 부착하여 사물을 인식하거나, 스마트 먼지라 부르는 미세한 센서들을 대량으로 살포하여 온도·습도·진동 등 주변의 환경 정보를 탐지 및 수집하는 네트워크를 말한다.

궁극적인 목표는 모든 사물에 컴퓨팅 및 네트워킹 기능을 부여하여 언제 어디서나 어떤 사물과도 통신할 수 있는 환경을 구현하는 것이다. 유비쿼터스 센서 네트워크는 우선 사물의 인식 정보를 제공하는 RFID를 중심으로 발전하고, 이후 감각 기능이 추가되면서 이들 간에 네트워크를 구성하는 형태로 발전할 것이다.

USN은 사물의 정보화를 위한 첫걸음이며, 유비쿼터스 세상을 만들기 위한 기반 구조로서 유비쿼터스 도시의 신경망 역할을 하게 된다.

상황임을 경고해 주거나, 자동차가 자율적으로 제어하기 위해 필요한 도로 정보를 전달한다. 또 비나 눈으로 도로가 젖어 있거나 추운 날씨로 얼어붙는 등 노면 상태에 변화가 생기면 이를 감지하여 운전자에게 알려 줌으로써 사고를 미연에 방지한다.

이러한 지능형 교통의 대표적인 서비스로 톨게이트 자동 징수 시스템을 들 수 있다. 톨게이트 자동 징수 시스템이 설치된 유료 도로나 고속도로의 톨게이트에서는 지금처럼 요금을 지불하기 위해 정차할 필요 없이 그대로 지나가면 된다. 자동차에 부착된 RFID 태그로부터 결제 정보가 전송되어 자동으로 통행료가 지불되기 때문이다.

현재 우리 나라에서는 이러한 서비스가 '하이패스'라는 이름으로

일부 톨게이트의 전용 차로에서 운영되고 있는데, 톨게이트 지역에서의 교통 정체 문제를 해결해 주는 대안으로 떠오르고 있어 점차 널리 보급될 전망이다.

한편 유비쿼터스 도시에서는 각종 시설물에 센서가 부착되고 실시간으로 시설물의 상태가 감지되어 중앙의 통제센터로 전송된다. 뿐만 아니라 시설물들 간에도 서로 필요한 정보를 주고받으며 자율적인 관리가 이루어지기 때문에, 삼풍백화점과 성수대교 붕괴와 같은 사고를 사전에 감지하고 예방할 수 있다.

아울러 하천 오염, 산불 발생, 대기 오염 등과 같은 환경 훼손 가능성이 있는 사건 역시 상황 판단 능력을 갖춘 CCTV가 항상 지켜보고 있기 때문에 미연에 방지할 수 있다. 그러므로 사고 예방은 물론, 사고가 발생하더라도 신속히 대처할 수 있어 시민들에게 안전하고 쾌적한 생활을 보장할 수 있다.

5

교육 혁명, u-러닝

　유비쿼터스 정보화의 효과가 가장 두드러지게 나타날 것으로 기대되는 부분은 교육 분야다. 유비쿼터스 정보기술은 말 그대로 언제 어디서든 누구나 손쉽게 교육받을 수 있는 환경을 제공하게 된다. 이러한 유비쿼터스 교육은 유아 교육에서부터 대학 교육은 물론 평생 학습에 이르기까지 교육 시스템 전반에 걸쳐 커다란 변화를 가져올 것으로 예상되고 있다.

　먼저 유비쿼터스 유치원을 생각해 보자. 유치원 내의 시설물과 장난감 및 교구에 RFID 태그를 부착하고, 어린이들은 RFID 칩이 내장된 목걸이나 배지를 착용한다. 유치원 주변에는 각종 센서와 CCTV 카메라가 설치되어, 상황 인식에 의한 유치원 주변 환경 정보가 실시간으로 수집된다. 이들 칩, 태그, 센서, 카메라들이 수집한 정보는 무선 네트워크를 통해 중앙의 서버에 저장되며, 서버는 수집된 정보를 바탕으로 원생들의 활동 상황을 분석하여 교사와 부모에게 전달한다.

이러한 시설이 갖추어진 유비쿼터스 유치원에서는 어린이들이 교구나 장난감을 사용한 정보가 자동으로 기록되고 분석되어, 어떤 아이가 어떤 놀이에 흥미를 느끼는지, 어떤 장난감이 학습 효과가 높은지, 누가 누구와 친하게 지내는지, 왕따 어린이는 없는지 등이 손쉽게 파악된다.

한편, 유치원 바깥에서는 어린이들이 뛰노는 모습이 CCTV로 촬영되어 인터넷을 통해 중계된다. 따라서 부모들은 가정이나 직장에서 아이가 보고 싶거나 궁금할 때면 언제든지 PC 혹은 PDA 등의 휴대 단말기를 통해 실시간으로 자녀의 상태를 살펴볼 수 있다.

만약 안전지역을 벗어나는 어린이가 있을 경우에는 이러한 사실을 교사에게 곧바로 알려 주어 신속히 대처할 수 있게 하는 등 어린이들을 안전하게 돌볼 수 있도록 도와준다.

맞벌이 가정이 늘어나고 있는 우리 현실에서 유아를 위탁하는 첨단 시설에 대한 수요는 꾸준히 증가할 것이 분명하다. 다만 어린이의 사생활 침해 문제와 유치원 내·외부에 설치될 수많은 전자장치들이 어린이들의 건강에 어떠한 영향을 미칠 것인지에 대한 검토가 먼저 이루어져야 할 것이다.

유비쿼터스 유치원과 마찬가지로, 중고등학교와 대학교는 물론 학원에서도 유비쿼터스 정보기술을 응용하여 유용한 교육 환경을

• 유 비 쿼 터 스 유 치 원 •

구축할 수 있다.

학생들은 등교할 때 무거운 책가방 대신 노트북이나 PDA 같은 휴대 단말기 하나만 가지고 가면 된다. 교실은 물론 학교 전 지역에서 무선으로 인터넷 접속이 가능하기 때문에, 교과서와 학습 자료도 인터넷에서 다운로드받아 개인용 단말기를 통해 본다.

교사는 미리 작성한 교안을 벽에 부착된 대형 화면을 통해 보여주면서 수업을 진행하고, 중요한 부분을 강조하거나 부가 설명이 필요할 경우에는 전자펜으로 입력할 수 있다. 수업 중에 사용된 교안과 교사가 덧붙여 필기한 것을 포함한 수업 내용은 멀티미디어 콘텐츠로 저장되어 수업이 끝난 뒤에도 언제든지 다시 볼 수 있다.

유비쿼터스 교육의 가장 큰 장점은 교육 콘텐츠와 프로그램이 월등히 풍부해져 자신에게 꼭 맞는 최적의 학습 프로그램을 선택할 수 있다는 점이다. 또한 일상생활 속에서 '비는 시간'을 활용하여 언제 어디서나 학습할 수 있기 때문에, 효과적이고 효율적인 자기 계발이

주문형 비디오(VOD, Video On Demand)란 기존의 공중파 방송이나 케이블 TV를 통해 프로그램을 일방적으로 수신하는 것이 아니라, 가입자의 요구에 따라 원하는 시간에 원하는 내용을 이용할 수 있는 쌍방향 서비스를 말한다. 통신망을 통해 영상 정보를 주문하는 것 외에도, 마치 비디오를 사용하듯 시청하던 프로그램을 정지하거나 되감거나 건너뛰는 등의 기능을 이용할 수 있어 편리하다.

가능하다. 주문형 비디오 방식의 교육 콘텐츠 서비스는 언제 어디서나 다양한 멀티미디어 콘텐츠들을 저렴하고 손쉽게 이용할 수 있도록 도와준다.

광대역 통합망이 구축되어 대용량 고화질의 멀티미디어 콘텐츠 이용이 자유로워지면, 입체 영상 등으로 현장감을 높이고 게임을 이용해 흥미를 유발하는 학습 프로그램도 이용할 수 있다. 이를 통해 학습 동기를 유발하고 학습 효과를 향상시키는 데도 크게 기여할 것으로 기대된다.

과거 1970~1980년대에는 학생들이 교실을 찾아다니며 공부했고, 오늘날 인터넷 시대에는 인터넷에서 학습 정보를 찾으며 공부하고 있다. 그러나 앞으로 다가올 유비쿼터스 교육 환경에서는 학생들에게 맞춤화된 학습 정보가 학생들을 찾아다니게 될 것이다. 학생들이 언제, 어디서나, 어떤 교육 콘텐츠라도 저렴하고 손쉽게 이용할 수 있는 유비쿼터스 교육 환경은 학습자가 중심이 되는 보다 창의적인 교육 환경을 실현해 줄 것이다.

6

u-오피스로 일하는 방식이 달라진다

산업사회에서 근로자는 반드시 정해진 근무지에서 근무해야 했다. 인터넷 시대에 접어들면서 재택 근무 혹은 원격 근무의 가능성이 열리기 시작했지만, 인터넷이 널리 이용되고 있음에도 불구하고 아직 초기의 기대만큼 널리 보편화되지는 못하고 있다.

그 이유는 아마도 단순히 원격지에서 근무하는 게 중요한 것이 아니라, 내가 근무하는 장소가 어디든 내가 필요한 업무를 수행할 수 있는 근무 환경이 마련되는 게 중요하기 때문일 것이다. 다시 말해서 단순히 사무실을 떠나 집에서 일할 수 있는 환경보다는 언제 어디서나, 심지어는 이동 중인 차 안에서도 내 사무실에 앉아서 근무하는 것처럼 일할 수 있어야 하는 것이다.

이처럼 언제 어디서나, 업무 처리가 필요한 현장에서 일할 수 있는 환경은 외부에서 영업이나 상담, 점검 활동 등을 담당하는 근로자들에게 무척 유용하다. 외근직 근로자들의 경우, 현장 업무를 마치고 사무실로 돌아와 수집된 자료를 컴퓨터에 다시 입력하는 등 중복된 업무로 시간을 낭비하는 경우가 많다. 만약 외부에서 발생한 업무를 그 자리에서 깔끔하게 처리할 수 있다면 업무 효율은 배로 증가될 것이다.

예컨대 교통사고 보상 처리를 주된 업무로 하는 보험사 직원의 경우, 사고 현장에서 작성한 사고 처리 보고서를 사무실 컴퓨터에 다시 입력해야 한다면 여간 불편한 일이 아니다. 이때 보험사 직원의 노트북과 PDA가 회사의 중앙 서버와 항상 연결되어 있어 언제 어디서나 보험 정보 시스템에 접속할 수 있다면, 사고 현장에서 고객의 정보 및 업무 처리 규정을 조회하고, 사고 처리 보고서를 작성하고, 보상 처리 결과를 발송하는 등 일련의 업무 처리를 한 번에 해결할 수 있다.

이렇게 되면 해당 업무를 종료한 후 사무실에 들어올 필요 없이 바로 다음 사고 장소로 이동할 수 있어 효율적이다. 고객 입장에서도 신속한 사고 처리는 물론 현장에서 곧바로 사고 처리 결과 및 보상 여부를 확인받을 수 있어 편리하고 안심할 수 있어 좋을 것이다.

이러한 현장 근무가 원활하게 이루어지기 위해서는 무엇보다 언제 어디서나, 이동 중에도 네트워크에 접속해 대용량의 콘텐츠를 신속하게 제공받을 수 있는 무선통신 네트워크가 필요하다. 우리나라에서는 현재 이를 위한 기술로 휴대 인터넷(WiBro) 기술을 개발하여 서비스할 예정이다.

구청 위생과에 근무하는 유청결 씨는 관할 구역 내 식당들의 위생 상태를 점검하기 위해 사무실을 나선다. 몇 군데 식당을 돌던 유청결 씨는 인근 초등학교 몇 군데에 급식을 제공하는 업체의 공장에서 유통기한이 지난 냉동 만두를 발견하고 즉각 폐기 처분하라고 지시했다.

예전 같으면 이 업체가 허가받은 업체인지를 확인하고 관련 행정 절차를 처리하기 위해 다시 사무실로 돌아와 관리 대장을 뒤지거나 내부 결재 문서를 작성한 후 행정 처분 명령서를 발급해야 했을 것이다. 하지만 지금은 그때와는 비교도 할 수 없을 만큼 업무 처리가 신속해졌다.

휴대 인터넷과 연결되는 PDA를 통해 언제 어디서나 위생 행정 정보 시스템에 접속할 수 있다. 따라서 현장에서 바로 위생 업소 허가 대장을 조회하고 관련 행정 처리를 원스톱으로 진행할 수 있다. 덕분에 불법으로 영업하는 업체에 대해서는 그 즉시 영업 정지 등의 행정 처분을 내릴 수 있어 사고 예방을 위한 조치가 신속히 이루어진다.

유청결 씨는 퇴근길에 길가에서 놀고 있는 어린이들을 발견하고 한참 바라보며 생각한다. '아이들 급식에 유통기한이 지난 만두가 들어가기 전에 발견하고 곧바로 조치할 수 있었으니 정말 다행이야.'

7

쇼핑이 더 즐거워진다

유비쿼터스 정보기술의 광범위한 도입은 우리의 생활을 더욱 편리하고 윤택하게 변화시킬 것이다. 쇼핑도 그 중 하나다.

자신이 필요로 하는 물건을 선택하고 구입하는 쇼핑은 즐거운 일이지만, 계산대 앞에 길게 줄지어 선 사람들을 보면 짜증이 나지 않을 수 없다. 인터넷 상점이나 TV 홈쇼핑을 통해 물건을 구매하면 번잡한 외출은 피할 수 있겠지만, 구매할 수 있는 물품이 제한적이고 광고 내용과는 다른 상품이 배달되는 경우도 종종 경험하게 된다.

유비쿼터스 세상에서는 쇼핑 중에 발생할 수 있는 번잡함과 지루한 기다림 없이 쇼핑 자체를 즐길 수 있는 환경이 갖추어진다. 물건을 구매할 때 풍부한 제품 정보를 손쉽게 받아 볼 수 있기 때문에 안심하고 물건을 살 수 있고, 계산대 앞에 줄을 설 필요도 없어진다.

모든 상품에 RFID 태그가 부착되는데, 그 태그를 통해 상세한 제품 정보는 물론 생산에서부터 유통, 판매, 이용, 폐기에 이르는 모든 이력 정보를 정확하고 신속하게 조회할 수 있다. RFID 태그로부터 정보를 받기 위해서는 별도의 수신기가 있어야 한다. 하지만 향후 이동전화와 같은 일상적인 휴대 단말기에 기본적으로 RFID 수신기가 장착되어 판매될 예정이기 때문에, 이러한 지능형 상점은 조만간 현실화될 것으로 보인다. 현재는 쇼핑 카트에 정보 수신 리더와 디스플레이로 구성된 단말 장치를 장착하여 운용되는 시스템이 일반적으로 고려되고 있다.

소비자는 사전에 작성하여 휴대 단말기에 저장해 둔 쇼핑 목록을 쇼핑 카트에 부착된 단말기에 전송한 후 쇼핑을 시작한다. 쇼핑 카트에 부착된 단말기는 쇼핑 목록을 구매 편의에 맞게 재배열한 후 쇼핑 경로를 안내해 준다.

구매하려고 선택한 물품을 카트에 담는 순간 해당 제품의 제조사·유통기한·가격·영양소·내용물·조리 방법 등 상세한 정보가 디스플레이를 통해 제공되고, 현재까지 카트에 담은 제품들의 가격이 집계되어 나타난다. 할인 행사에 관한 정보 또한 카트에 부착된 디스플레이를 통해 제공되며, 매장의 매니저가 추천하는 오늘의 특별 상품이 무엇인지도 바로 확인할 수 있다.

쇼핑을 마친 후에는 카트에 물건을 담은 채 계산대를 지나가면 자동으로 구매 물품에 대한 결제가 이루어지며 영수증이 구매자의 휴대 단말기로 전송된다. 구매한 상품에 대한 정보는 가정에서도 언제든지 조회할 수 있다. 경우에 따라서는 집 안의 냉장고가 주인이 쇼

평하고 있는 것을 인지하고 냉장고 안에 있는 물품의 목록을 전송해 주기 때문에, 구매할 물품을 잊지 않고 챙길 수 있다. 이러한 유비쿼터스 쇼핑 시스템은 신속하고 편안한 쇼핑은 물론, 충동구매를 방지하여 합리적인 구매에 도움을 줄 것이다.

　상점 주인 입장에서도 유비쿼터스 쇼핑 시스템은 매우 유용하다. 물건이 판매되면 해당 물품의 잔여 수량은 얼마나 되는지, 얼마나 보충해야 되는지 등이 실시간으로 파악된다. 따라서 진열대에 곧바로 부족한 물품을 채울 수 있으며, 공급업체에 자동으로 주문이 되기 때문에 물품이 비치되지 않아 판매 기회를 놓치는 일을 방지할 수 있다.

　또한 소비자의 행동 패턴을 분석하거나, 해당 제품이 진열대에서 벗어났음에도 소비자의 카트에 담기지 않은 상황을 인지해 소비자가 물품 구매를 망설이고 있다고 판단하게 되면, 구매를 유도하는 홍보 메시지나 보다 상세한 제품 정보를 진열대 위에 설치된 디스플레이를 통해 보여 줌으로써 구매 욕구를 자극할 수도 있다.

    RFID 시스템을 상점에 도입하
면 도난 방지 효과도 볼 수 있다.
특정 물품이 결제 과정을 거치지
않고 상점을 벗어나거나, 지나치
게 많은 수량이 한꺼번에 진열대
에서 벗어났음에도 불구하고 매장
내 어떤 쇼핑 카트에도 상품 정보가 인
식되지 않는 상황이 발생하면, 상점 주인
이나 보안요원에게 경고 메시지를 보내 점검
하도록 한다.

    무엇보다 의류나 음반같이 실제 입어 보거나 들어 보고 구입하는
상품들을 판매하는 매장에서는 유비쿼터스 정보기술이 더욱 유용하
게 사용될 수 있다.

    의류매장의 경우 고객이 매장에 들어가 특정 의류에 관심을 보이
기 시작하면 시스템이 이를 인지하여, 고객 가까이에 있는 디스플레
이에서 해당 의상을 착용한 모델이나 방송용 CF를 보여 주고, 관련

제품의 상세한 정보를 제공해 준다.

매직미러를 이용하면 탈의실에 들어가 직접 옷을 입어 보지 않아도, 옷을 들고 거울 앞에 다가서면 마치 옷을 입은 것과 같은 가상의 영상을 비춰 준다. 이때 핸드백이나 머플러 등의 연관 제품을 짝지어 보여 주면서 다양한 코디를 연출해 준다. 거울 속에 비친 영상들은 매장의 중앙 서버에 고객 정보와 함께 저장되어 고객이 요구하면 언제든 영상 정보를 제공해 주고, 고객의 취향을 기록해 신상품이 출시되면 맞춤식 카탈로그를 보내 준다.

음반매장에서는 입장할 때 받은 무선 헤드세트를 착용하고 매장을 둘러본다. 음반을 고르다가 마음에 드는 CD를 집어 들면 타이틀곡이 헤드세트를 통해 흘러나온다. 다음 곡을 듣고 싶으면 CD를 살짝 흔들거나 헤드세트 옆에 부착된 버튼을 누르면 된다. 마음에 들지 않는다면 제자리에 놓아두고 다른 CD를 집어 새로운 음악을 듣는다. 음악을 들으면서 그 가수의 프로필이나 음반 제작 배경, 현재 판매 순위 등의 부가 정보를 가까이에 있는 디스플레이를 통해 제공받을 수 있으며, 휴대 단말기에 다운로드받을 수도 있다.

현재 이와 유사한 유비쿼터스 쇼핑 서비스를 제공하는 매장이 다수 존재하고 있지만, 아직은 대부분 바코드로 서비스가 이루어지고 있다. 매장 관리용 RFID 시스템은 도난 방지를 목적으로 일부 적용되는 수준에 머물고 있지만, 머지않아 대부분의 매장에서 보편적으로 활용될 것으로 예상된다.

8

건강한 사회를 만드는 u-헬스케어

유비쿼터스 세상에서는 양질의 의료 서비스를 언제 어디서나 보다 저렴하고 간편하게 제공받을 수 있다. 지금처럼 병원에서만 의료 서비스를 받는 것이 아니라 가정과 직장에서도, 심지어는 거리에서도 이용할 수 있는 시대가 도래할 것이다.

유비쿼터스 의료 시대에는 유비쿼터스 정보화를 통해 환자 진료를 포함한 병원 내 업무가 보다 효율적으로 운영되어 양질의 서비스를 제공할 수 있게 된다. 이동 중 진단과 치료가 가능한 모바일 의료 환경은 응급 환자에 대한 신속한 초기 대응을 가능하게 하여 응급 환자의 생존 가능성을 높여 줄 것이다.

현재는 환자에 대한 의료 정보가 의료기관 사이에서도 공유되지 않고 있다. 그래서 응급 환자가 발생할 경우 기초적인 환자 정보를 파악하는 데도 많은 시간이 걸려 신속하게 대처하지 못하는 경우가 많다. 또 환자가 다른 병원으로 옮겨가는 경우 이전 병원에서 받았던 검사를 다시 받는 일도 빈번하게 발생해 시간과 돈이 낭비되는 경우도 많다.

하지만 유비쿼터스 세상이 되면 전자 진료 기록부가 보편화되고 병원 간에 정보가 공유되어 상호 조회가 가능해진다. 따라서 응급 환자 발생 시 그 원인을 조기에 발견하여 신속하게 대처할 수 있고, 어느 병원에 가더라도 이전 진료 기록을 조회할 수 있어 동일한 검사를 다시 받지 않아도 된다. 따라서 경제적 부담은 줄어들고 편리함은 증진되는 지능화된 의료 서비스를 받을 수 있게 된다.

한편 다양한 스마트 센서와 지능형 사물들의 네트워크로 구성되는 스마트 의료 홈은 유비쿼터스 의료의 핵심 서비스가 될 것이다. 스마트 센서들은 가정 내 거주자의 의료 정보를 수집하고, 스마트 거울은 피부의 변화 등 외관의 변화를 바탕으로 건강의 이상 여부를 진단한다. 칩이 내장된 스마트 밴드는 상처의 치유 상태를 지속적으로 체크해 주치의와 거주자의 휴대 단말기로 치료 상태를 알려 주고, 집 안 곳곳에 설치된 CCTV는 거주자의 움직임을 바탕으로 행동 패턴을 분석해 발병 가능성을 판단한다.

혈당 센서가 부착된 허리띠와 심장 박동을 측정하는 센서가 부착된 손목시계, 당뇨 측정 센서가 내장된 변기 등의 바이오 센서 기술은 시시각각 변화하는 거주자의 건강 상태를 생활 속에 스며들어 그때그때 점검한다.

이처럼 스마트 센서와 지능형 사물들이 수집한 거주자의 건강 정보는 개인 의료 상담 시스템(PMAS, Personal Medical Advisor System)

좋은 아침!
혈당:정상 심전도:정상 맥박:정상
30분 이상의 유산소 운동 권장.
혈당 수치 위험!
단 것 먹으면 안 되요!
당뇨:정상
진료기록
불편하신 곳은 없나요?
빈혈
위장장애
변비 등등…
지난 처방전대로 하루 3회 복용하고 있습니다.

• 개 인 의 료 상 담 시 스 템 •

으로 전달된다. PMAS는 자연스러운 대화를 수행할 수 있는 인터페이스를 제공하며, 마치 주치의와 직접 대화하듯 의료 상담을 진행한다. PMAS에 기록된 상담 데이터는 병원으로 전송되어 보다 면밀한 검사가 이루어지고, 이를 바탕으로 처방전을 회신하거나 가정 방문 진료를 하게 된다.

유비쿼터스 의료의 가장 큰 특징은 환자가 의사를 찾아가는 것이 아니라 의사가 환자를 찾아간다는 점이다. 환자의 상태를 지속적으로 관찰하고 있다가 치료가 필요하다고 판단될 때, 의사가 환자에게 진료를 권하거나 진료 시간을 배정한다. 쉽게 말해서 찾아가는 병원 서비스가 이루어지는 것이다.

유비쿼터스 의료의 또 다른 큰 특징은 의료의 목적이 질병 치료에서 질병 예방으로 바뀐다는 점이다. 몸에 착용하거나 사물에 내장되는 등 생활 속에 스며든 다양한 바이오 센서들이 건강 상태를 항상 체크하여, 질병 발생 가능성이 있을 경우 이를 사전에 경고해 준다. 따라서 작은 병을 키워 큰 병을 만드는 안타까운 일은 사라진다.

특히 노인들의 경우 건강한 생활을 영위하기 위해서는 정기적인 건강 검진이 필수적이지만, 이를 귀찮아하거나 경제적인 부담 때문에 검진을 받지 않는 경우가 많다. 그러나 유비쿼터스 의료 시스템이 정착되면 생활 속에서 자연스럽게 건강 검진이 이루어지게 되므로, 앞으로 다가올 고령화 사회를 대비하기 위해서도 꼭 필요한 시스템이라고 할 수 있다.

유비쿼스의 주요 기술 | 인터넷 전화

유비쿼터스 세상의 주요 기술로 인터넷 전화(VoIP, Voice over Internet Protocol)가 있다. VoIP는 기존 전화망이 아닌 인터넷망을 통해 음성을 패킷(Packet) 형태로 전송하는 통신 서비스로, 인터넷 전화 서비스다.

패킷이란 본래 소포를 뜻하는 용어로, 소화물을 뜻하는 패키지(Package)와 덩어리를 뜻하는 버킷(Bucket)의 합성어다. 인터넷망에서는 데이터를 효율적으로 주고받기 위해 송신하는 쪽에서 데이터를 잘게 쪼개 보내면 수신하는 쪽에서 이를 재조립하는데, 이때 잘게 쪼갠 데이터 한 조각을 패킷이라 한다. 일반적으로 패킷 한 조각은 128바이트의 용량을 갖는다.

VoIP가 각광받는 이유는 무엇보다도 기존 전화에 비해 저렴하다는 것이다. 인터넷망을 이용해 음성과 데이터를 통합 제공하고, 회선 점유 시간이 적어 망 운영 효율이 높은 패킷 방식을 사용함으로써 관리 비용을 대폭 줄일 수 있기 때문이다.

VoIP의 또 다른 장점은 다자간 통화, 멀티미디어 화상통화 등 음성통화는 물론 다양한 응용 서비스를 제공할 수 있다는 것이다. 이러한 장점으로 인해 VoIP는 기업 내 다자간 원격 회의 운영, 멀티미디어 교육 콘텐츠의 원격 수강, 화상 진료 및 의료 상담 등을 저렴한 비용으로 이용할 수 있게 하는 등 유비쿼터스 서비스의 보편화에 크게 기여할 것으로 기대된다.

9

유비쿼터스 장애인 도우미

유비쿼터스 정보기술은 지금까지 신체적인 불편으로 인해 정상적인 사회생활을 하기 어려웠던 수많은 장애인들에게 새로운 삶의 기회를 제공해 줄 것이다.

우리는 종종 불굴의 의지로 장애를 극복한 사람들의 눈물겨운 사연을 TV나 신문을 통해 접한다. 양손을 잃어버린 장애인이 발가락을 이용하거나 입으로 막대를 물어 키보드를 두드리며 세상과 접하기도 하고, 청각을 잃어버린 장애인이 상대의 입 모양을 보며 대화를 나누는 장면을 자주 볼 수 있다.

이처럼 장애인이 부단한 노력으로 장애를 딛고 당당하게 살아가는 모습은 아름답지만, 그들이 그러한 불편 없이 생활할 수 있다면 세상은 더욱 아름다울 것이다. 이미 많은 장애인들이 컴퓨터의 도움

유비컴의 주요 기술 | 지능형 서비스 로봇

유비쿼터스 세상의 주요 기술로 빼놓을 수 없는 것이 바로 지능형 서비스 로봇이다. 로봇(Robot)은 원래 '강제 노역'이라는 뜻의 'Robota'에서 유래한 말로, 체코슬로바키아의 카렐 차페크(Karel Čapek)라는 작가가 '인간이 자신들이 만든 기계에 의해 멸망한다'는 내용의 희곡을 쓰면서 처음 사용했다.

언제 어디서나 이용자의 요구에 부응하는 IT서비스를 제공하는 IT기반의 지능형 서비스 로봇(URC, Ubiquitous Robotic Companion)은 미래 핵심 산업이다. 기존 로봇에 네트워크 기능을 부가해 저렴한 비용으로 IT서비스 이용이 가능해진다. 지능형 서비스 로봇은 단순 반복 작업을 주로 수행하는 산업용 로봇과 달리 하드웨어적인 구동 기술보다는 인공 지능, 휴먼 인터페이스, 유비쿼터스 네트워크, 소프트웨어 등 IT기술이 집적된 융합 시스템이라는 특징을 갖는다.

지능형 서비스 로봇은 네트워크를 통해 필요한 소프트웨어를 자동으로 다운로드받기 때문에 지속적인 학습이 가능하며, 로봇 자체의 생산 비용을 절감할 수 있어 저가에 보급할 수 있다는 장점이 있다.

현재 지능형 서비스 로봇 시장은 1가구 1로봇 시대가 올 것이라는 기대 속에서 무한한 잠재력을 지닌 시장으로 전망되고 있다. 이에 선진 각국은 컴퓨터, 가전 등 다양한 분야에서 센서, 반도체, 소프트웨어 등 다양한 IT기술의 핵심 역량을 기반으로 시장에 진입하고 있으나, 아직까지는 기술적으로나 상업적으로 초기 단계에 머물러 있다.

로봇 기술은 이동성(Mobility)과 지능(Intelligence)의 두 가지 축으로 진화할 것으로 전망되며, 최종적으로는 인간과 협동할 수 있고 공존할 수 있는 보다 인간다운 로봇 개발을 목표로 연구되고 있다.

을 받아 더 넓은 세상을 경험하고 자신의 역할에 충실하게 열심히 살아가고 있지만, 장애인들에게 컴퓨터는 여전히 사용하기 어려운 존재다.

유비쿼터스 정보기술은 보다 편리하고 이용자 중심적인 인터페이스를 제공해 컴퓨터를 보다 편안하게 이용할 수 있도록 도와줄 것이다. 또 장애를 보완할 수 있는 갖가지 기능을 제공하는 다양한 기기와 단말들을 통해 일상생활의 편리를 제공할 것으로 기대된다.

예를 들어 보자. 컴퓨터에 데이터를 입력하는 데 현재는 키보드와 마우스가 주로 이용되지만, 음성 인식 기술이 발달함에 따라 말하는 것만으로도 컴퓨터를 작동할 수 있게 된다. 또한 눈동자의 움직임을 포착해 커서를 움직이는 기술은 눈동자를 마우스처럼 사용할 수 있게 해준다.

심지어는 단지 숨을 쉬는 것만으로도 컴퓨터를 조작할 수 있다. 컴퓨터는 모든 데이터를 0과 1로 인식하기 때문에 들숨과 날숨을 0과 1로 표현해 주는 호흡 인터페이스 기술을 이용하면 컴퓨터를 조작할 수 있다. 몸을 조금도 움직일 수 없는 전신마비 장애인은 숨쉬는 것밖에 하지 못한다. 하지만 이러한 컴퓨터의 도움을 받으면 주변 기기를 조작할 수 있으며, 자신의 생각을 전달할 수 있어 세상 누구와도 대화를 나누고 친구가 될 수 있다.

한편, 음성을 이용한 인터페이스 기술은 시각 장애인에게 다양한 서비스를 제공해 줄 것이다. 도시 곳곳의 시설물과 도로에 안내 정보를 담은 RFID 칩을 내장하고 이를 장애인이 휴대 단말기를 통해 인식할 수 있도록 한다면, 시각 장애인은 혼자서도 자유롭게 외출하고 원하는 장소로 안전하게 이동할 수 있다. 신문이나 책처럼 텍스트로 된 정보 매체라 할지라도 음성 정보로 기록된 서버에 접속할 수 있는 태그가 부착되어 있다면, 시각 장애인의 휴대 단말기가 태그를 인식하고 서버에 접속해 내용을 읽어 줄 수 있기 때문에 음성으로 정보를 습득하게 된다.

이처럼 장애인이 편리하게 사용할 수 있는 제품과 서비스는 장애가 없는 사람들에게는 더욱 큰 편리를 제공해 줄 수 있다. 특히 노인들에게는 더욱 편리하고 유용한 서비스를 제공해 줄 수 있기 때문에, 고령화 시대를 맞이하는 우리 사회에서 장애 도우미가 갖는 의미는 더욱 크다.

장애인에게 길을 안내하기 위해 설치된 RFID 태그는 길 찾기에 소질이 없는 일반인들에게도 편리한 길 안내 서비스를 제공해 줄 수 있다. 또한 주변 정보와 결합되어 식당·관광·교통 등을 안내해 주는 종합적인 지역 정보 서비스를 제공하는 시스템으로 진화 발전할 수 있다. 아울러 이처럼 위치에 기반한 길 안내 서비스는 미아의 발생이나 치매 노인이 안전지역을 벗어나는 것을 미리 감지하고 보호자에게 이를 통보하는 서비스를 제공할 수 있다.

이렇듯 장애인을 위한 모든 시설은 장애가 없는 사람들에게는 더욱 유용한 서비스를 제공한다. 결국 모든 사회 구성원이 골고루 정보기술의 혜택을 누리며 편안하고 윤택하게 살 수 있는 사회를 만드는 데 유비쿼터스는 많은 기여를 할 것이다. 딱딱하고 기계적인 디지털 기술을 이용해 모두가 함께하는 따뜻한 세상을 만들어 가는 것이 바로 유비쿼터스 세상이 추구하는 미래의 모습이다.

시각 장애인인 심학규 씨는 와인의 맛을 감정하는 소믈리에로 일하고 있다. 선천적으로 시각을 잃었기 때문인지 심학규 씨는 유달리 미각이 발달해서 전국적으로 유명한 소믈리에다. 그러나 작년까지만 해도 심학규 씨는 외출이 자유롭지 않아 아내의 도움 없이는 직장에 나가기가 어려웠다. 맹인 안내견을 분양받으려고도 했지만 그것도 쉽지 않은 일이었고 또 유지비도 만만치 않아 계속 망설여 왔다.

그러나 이제 심학규 씨도 남들과 마찬가지로 혼자 안전하게 직장에 나갈 수 있게 되었다. 얼마 전 구입한 RFID 태그 리더가 부착된 PDA 덕분이다. 지난달부터 서울시는 시내 곳곳에 USN을 구축하고 RFID를 통해 도로 안내 및 정보 제공 서비스를 실시하고 있다.

심학규 씨는 PDA를 통해 곳곳의 태그로부터 정보를 읽어 현재 위치에 대한 정보는 물론 목적지로 가는 안전한 길을 유도받는다. 무엇보다도 각종 게시판으로부터 음성 정보 제공 서비스를 받을 수 있다. 이제 귀가 눈을 대신할 수 있어, 점자를 배우지 않고도 새로운 정보를 보다 쉽게 습득할 수 있게 된 것이다.

직장에서 퇴근해 돌아온 심학규 씨는 아내와 함께 저녁식사를 한다. 아내는 새로 부업을 하게 되어 집 마련이 계획보다 빨리 이루어질 것 같다며 꿈에 부풀어 있다.

10
유비쿼터스 방송

1970년대까지만 해도 우리나라에서 TV가 있는 가정은 그리 많지 않았다. 그래서 올림픽이나 월드컵같이 온 국민의 관심이 집중되는 스포츠 경기가 있는 날이나 인기 있는 드라마가 방송되는 시간이면 TV가 있는 집으로 사람들이 몰려들곤 했다.

그러다가 1980년대에 이르러 컬러 TV가 보급되기 시작했고, 오늘날에는 대부분의 가정에 TV가 보급되었다. 요즘은 TV를 두세 대씩 보유한 가정도 상당수에 이르는 등 1인 1TV 시대로 접어들고 있다.

이제 곧 디지털 방송 시대가 열릴 것으로 보이는데, 기존의 아날로그 방식이 아닌 디지털 방식으로 방송을 수신하는 디지털 TV는, 이제까지 단순히 전파 수신 기능만을 가지고 있던 TV와 달리 지능화된 서비스들을 제공할 수 있다. 기본적으로 실시간 전자 상거래가 가능해 TV를 보다가 마음에 드는 제품을 발견하면 곧바로 구매할 수 있다.

또 인터넷 검색은 물론 게임에 이르기까지, 이제까지 컴퓨터를 통해 이용하던 각종 통신 서비스를 TV를 통해 편리하게 이용할 수 있게 된다. 예를 들어 축구나 야구 경기를 시청할 경우, 단순히 경기 장면만을 보는 수준을 넘어 해당 선수에 관한 자세한 인적사항과 실적을 조회해 볼 수 있다. 또한 실시간으로 응원 메시지를 보내 경기장 전광판에 나타나게 할 수도 있다. 경기장에 있지 않아도 마치 경기장에서 응원하듯 실감나게 경기를 볼 수 있고, 폭넓은 정보를 제

유비쿼터스의 주요 기술 | DMB와 디지털 TV

DMB 서비스란 CD 수준의 고품질 음질과 데이터 또는 영상 서비스를 언제 어디서나 우수한 고정 및 이동 수신 품질로 제공하는 디지털 방식의 멀티미디어 방송이다. DMB 서비스는 전송 수단에 따라 지상파 DMB와 위성 DMB로 구분된다.

지상파 DMB가 지상 송신소에서 전파를 발사하는 것이라면, 위성 DMB는 대기권 밖의 위성에서 한반도를 향해 전파를 발사하게 된다. 인공위성은 위성 DMB 서비스의 필수 조건이다. DMB는 세계 최초의 상용 서비스 도입으로 디지털 방송기기 산업과 콘텐츠 산업에 활력을 불어넣으며 차세대 성장 동력으로 육성하고 있다.

디지털 TV는 현재 아날로그 TV보다 5~6배 선명한 고선명 영상과 CD급 고음질 음향을 제공하는 것을 특징으로 하며, 양방향 데이터 방송과 TV 전자 상거래 등 멀티미디어 부가 서비스를 이용해 디지털 인프라 간 통합의 구심점 및 정보 플랫폼(홈 게이트웨이) 역할을 수행할 것으로 전망된다.

공받을 수 있는 것이다.

또 최근 서비스를 시작한 DMB 서비스는 '테이크아웃 TV'라는 광고 문구처럼, 언제 어디서나 휴대 단말기를 통해 고품질의 디지털 방송을 볼 수 있는 서비스를 제공하고 있다. 이로써 우리나라는 본격적인 유비쿼터스 방송 시대에 들어서고 있다고 할 수 있다.

유비쿼터스 방송이란 누구나 언제 어디서나 원하는 방송을 볼 수 있고 방송에 참여할 수 있는 환경뿐만 아니라, 누구나 언제 어디서나 방송을 제작할 수 있는 환경을 포함한 개념이다. 예전에는 기자만 기사를 쓰고 신문사만 신문을 발행할 수 있었지만, 인터넷이 보편화되면서 미니홈피나 블로그를 통해 누구나 기사를 쓰고 여러 사람에게 제공할 수 있는 시대가 되었다.

앞으로 다가올 유비쿼터스 세상에서는 단순히 텍스트 기반의 기사를 사이버 공간에 올리는 것이 아니라, 누구나 기자가 되어 언제 어디서나 대용량의 멀티미디어 기사를 제작해 방송할 수 있는 시대가 열릴 것이다. 휴대 단말기의 보급과 언제 어디서나 인터넷에 접속할 수 있는 휴대 인터넷 서비스, 그리고 통신과 방송이 융합되어

프로슈머(Prosumer)

세계적인 미래학자 앨빈 토플러가 『미래의 충격』이라는 책에서 처음 사용한 신조어다. 생산자(Producer)와 소비자(Consumer)의 합성어로, 생산과 소비를 함께 하는 경제 주체를 의미한다.

하나의 망으로 서비스가 이루어지는 광대역 통합망이 이러한 꿈같
은 세상을 현실화시켜 나가고 있다.

　현재 인터넷에서 활동하는 아마추어 작가가 쓴 인터넷 소설이 네
티즌 사이에서 널리 읽히고 영화로도 만들어지듯이, 멀티미디어 중
심의 유비쿼터스 방송 환경은 다양한 전문가들이 원격지에서 협업
하며 드라마를 공동 제작하는 등 방송의 프로슈머 시대를 열 것으로
기대된다.

아침에 일어난 유씨가 화장실로 들어간다. 유씨네 화장실은 문을 여는 순간 손잡이에 의해 이용자가 식별되고, 혈압과 체온 상태가 체크되는 등 건강 관리가 일상적으로 이루어진다. 변기를 통해서는 당뇨 등이 체크된다.

가족들의 건강 상태는 가장인 유씨의 단말기에 전달된다. 오늘 유씨는 혈압 강하제를 한 알 먹으라는 권유를 받았고, 모친의 당뇨 증세에 대해서는 11시쯤 진료 예약을 했으니 1차적으로 주치의의 원격 검진을 받으라는 제안을 받았다.

아침에 제일 바쁜 유씨의 부인은 초등학생 딸의 책가방에 부착된 태그를 통해 메시지를 받는다. 선생님이 u-단말기를 통해 알려 준 수업 준비물을 챙겨 주지 않았다는 내용이다. 유씨의 부인은 가까운 문방구에 접속해 전자 화폐로 계산한 후 아이에게 배달해 달라고 부탁한다.

정원 가꾸기가 취미인 유씨의 부친은 어제 새로 사온 난초에 영양과 수분 상태를 체크해 주는 센서를 연결한다. 다른 화초들의 수분 상태를 디지털 TV의 유씨네 가족 고유 채널인 55번을 눌러 확인한 후 지정된 양의 물을 준다. 매일 물을 주는 화초들은 스마트 분무기가 알아서 물을 준다.

유씨의 부인은 오늘 쇼핑을 할 계획이다. 먼저 스마트 냉장고로부터 자신의 단말기에 전달된 부족한 식료품의 목록과 필요한 양을 파악한다. 유치원에 다니는 아들의 언어 학습용 장난감 로봇에 내장된 음성 인식 부품이 고장 났다는 것을 로봇으로부터 전송받아, 그 정보와 기타 쇼핑 목록을 단말기에 입력해서 백화점 고객센터로 전송한다. 그리고 회원으로 등록한 백화점을 향해 자동차를 몰고 간다.

백화점으로 가는 도중 텔레매틱스가 장착된 자동차가 스스로 교통 상황을 분석한 후, 교통사고로 인해 도로가 정체되어 있으니 우회도로를 이용하라고 조언한다. 동시에 우회도로를 이용해 귀가하는 길목에 새로 생긴 채소가게가 강원도에서 재배된 무공해 농산물을 팔고 있다는 정보를 지역 공동체 네트워크로부터 제공받는다.

백화점에 도착한 유씨 부인은 RFID 태그가 부착된 쇼핑 카트를 사용해 상품의 원산지, 가격, 유통기한, 조리 방법 등을 파악한다. 또 자신이 선호하는 같은 종류의 다른 상품이 진열된 위치 등 그 상품의 관련 정보까지 파악한 후 구매 여부를 결정한다. 쇼핑 카트에 상품을 담는 순간 자동으로 결제가 이루어져 계산대에 갈 필요가 없다.

유씨의 집에 있는 에어컨은 부인이 쇼핑을 끝내고 귀가하고 있음을 부인이 휴대하고 있는 단말기를 통해 파악하고, 지정된 온도에 맞춰 에어컨을 가동시킨다.

한편 직장에 출근한 유씨는 업무용 PDA 단말기를 통해 대전의 거래처에 택배로 보낸 상품 샘플이 천안을 지나고 있으며, A사에 주문한 원자재가 창고에 입고되었고, 공장의 기계 한 대가 모터 이상으로 작동을 멈추었다는 사실을 실시간으로 파악한다.

지하철을 이용해 집으로 돌아오던 유씨는 다음 역에 있는 단골 낚시가게에 새로운 제품이 들어왔다는 것을 단말기를 통해 확인하고 서둘러 내린다.

Ubiquitous